五光十色的 数学

尤 异／编著

大连理工大学出版社
Dalian University of Technology Press

图书在版编目(CIP)数据

五光十色的数学 / 尤异编著. — 大连：大连理工
大学出版社，2010.1(2011.4 重印)

ISBN 978-7-5611-5349-9

Ⅰ. ①五… Ⅱ. ①尤… Ⅲ. ①数学－青少年读物
Ⅳ. ①O1－49

中国版本图书馆 CIP 数据核字(2010)第 006104 号

大连理工大学出版社出版

地址：大连市软件园路 80 号　邮政编码：116023
发行：0411-84706041　传真：0411-84707403　邮购：0411-84706041
E-mail:dutp@dutp.cn　URL:http://www.dutp.cn
大连美跃彩色印刷有限公司印刷　　大连理工大学出版社发行

幅面尺寸:160mm×235mm　　印张:11.75　　字数:157 千字
2010 年 1 月第 1 版　　　　2011 年 4 月第 2 次印刷

责任编辑:杨文杰　　　　　　　　　责任校对:文　心
封面设计:万点书艺

ISBN 978-7-5611-5349-9　　　　　　定　价:20.00 元

致读者

这是一本中学生课外读物。说是课外读物，好像就是只有放学回家以后才能阅读的、与课业无关的"闲书"。这本书则不然，因为它的所有内容都与你在校学习的数学有关。

有人不喜欢数学，认为它艰涩难懂，以至于望而生畏。那就请你轻轻松松地读读这本书吧。说不定它会使你爱上数学。

有的人学习不得要领，事倍功半。那是你缺少学习方法。这本书可以让你在生动有趣的阅读中学到一些好的学习方法，就像拿到了打开知识宝库的钥匙：一句"芝麻开门"的咒语。

学习一般有两个目的：获取知识和获取良好的思想方法。知识是重要的，因为知识就是力量。而良好的思想方法却是杠杆，使很小的力量就能撬动地球。通过本书中的经典事例和追寻科学伟人的足迹，你可以接受到两千多年以来人类积淀的聪明与智慧，使你受益匪浅。这不仅有助于你解决数学学习中的难题，也有助于你增强创造力。

浏览本书就像加入一次愉快的旅行，一次数学王国之旅。那里不是你印象中或想象中的荒漠与冷峻，展现在你面前的是一个五光十色的、生动的世界，一个真正的数学世界。

至此你还能说本书是只能在放学以后阅读的与课业无关的闲书吗？它将是你的良师益友，是一本别开生面的或说是另类的、好玩的数学辅导读物。你完全可以想什么时候读就什么时候读，只要是不在老师上课的时候就行。

编者
2009 年 12 月

目 录

01.清晨，当你悄悄开启数学的大门

清晨当你刚刚从睡梦中走出，当你带着梦中的迷蒙揉着惺忪的双眼，悄悄地，悄悄地走近了数学王国的大门。你轻轻地推开它，慢慢地慢慢地探进头去:哇塞! 你顿时被眼前的景象惊呆了:酷毙了，真是美丽极了!

蓝蓝的天空中挂着一弯彩虹，七色的光环熠熠生辉，仿佛在向人昭示着它的某种奥秘:它由数字组成。

无数圆球在你眼前飘荡，啊，那是我们的地球!那是我们的月球!那是我们的太阳!我们的……群星闪烁着，一直到遥远的苍穹。露珠在朝你眨眼，水珠在向你微笑。红红的苹果、金黄的橘子……啊,他们都在迎接自己的客人! 天上地上怎么会有这么多的圆形？你在沉思。

一个带有穿透力的神秘声音在耳畔响起，那是两千五百年前来自古希腊的声音:"美是对称、美是比例、美是和谐! " 啊，那是哲人亚里士多德的声音。

蒙娜丽莎款款地走来，她以自己身体的和谐和比例述说着黄金分割的魅力，背景是如此的迷人。啊，谜一样的0.618!

阳光如泻，撒在金子般的沙滩上，一只乌龟和一只兔子正在赛跑。小白兔并没偷懒，它跑得那么执著，可它却总也追不上乌龟。那边是一个小岛，一个酷似西西里的小岛，一位老人专心致志地清理着太阳神阿波罗的牛群，白的、黑的、花的、棕的，一头挨着一头。

一位长者从那边走来，他身着长袍，宽阔的额头显示着智慧。他赤脚在沙滩上走着，低着头喃喃自语:"该死的根号2! 不是整数、不是分数，你到底是个什么东西啊？"他责怪着一个学生的发现打破了数的神圣。

看看他手中的直角三角形，你一定会认得出他——毕达哥拉斯。

五光十色的数学

阿基米德走来了，满头白发、银色的胡须，他大概是世界上第一个裸奔的男人，那是因为他发现了浮力定律，不过他今天穿着衣服。这是一位声称给他一个支点就能撬起地球的人。而现在，他手中的不是一根巨大的杠杆，而是一架大平——他要称量圆球的体积。不，确切地说是圆球的体积公式！

这是一位为数学献身的伟人，面对死亡还高喊："不要动我的圆！"让我们向他致敬！

那不是笛卡尔吗？他仰卧在他那终生懒得起来的床上，悠闲地研究着一只在天花板上飞着的苍蝇：噢，如果天花板的边线是条数轴，那么它的运动轨迹是个什么函数呢？

啊，拿破仑，波拿巴·拿破仑！这位炮兵学校出身的酷爱几何和三角的皇帝、曾经横扫整个欧洲的统帅，正和人们讨论着他的"拿破仑三角形"。这位叱咤风云、威严无比的人，在他的数学挚友拉普拉斯和拉格朗日面前，竟是这般的谦恭。

高斯！对，是高斯！就是那位刚上学就会算级数的神童，也是后来的数学王子高斯。他逝去了，可是他的墓碑上为什么刻着一个正十七边形？

在宽敞明亮的实验室里，牛顿爵士正在称量刚从树上掉下来的苹果和地球间的万有引力。他把一只怀表当做鸡蛋轻轻地放进了沸腾的锅里。他计算苹果下落的速度，用到了一种叫做"流数"的东西，这是他的发明，而这恰恰就是后来被称做"微积分"的东西。而在不远处的德国，莱布尼兹也正在公布他的发明。

绿茵茵的草地上，三位几何泰斗席地而坐，正在激烈地争论着。罗巴切夫斯基和黎曼向欧几里得的第五公理发难。罗巴切夫斯基说："过直线外一点可以做无数条直线与它平行。"黎曼说："一条也做不成。你看原本平行的两条直线到太阳那儿就相交了。"欧几里得不以为然地摇了摇头："我管不了那么远，我只管我看得见的地方。不管怎么说，我的书在全世界印数最多，《圣经》第一我第二！"

还是黎曼打了圆场："其实我们三个谁也没错。就像我们走路一样，总有高低不平。那高坡就是你——罗巴切夫斯基几何；低处就是我——黎曼几何；而平坦处就是你——欧几里得几何。我们只是曲率不同而已。"

爱因斯坦应声而来："我可以证明，在遥远的星际，空间是弯曲的。"他刚刚参加了友人的聚会，手里还拿着提琴。

会堂里正上演着数学家们的盛会。莫比乌斯拿着纸板制成的怪圈侃侃而谈："你们看，蚂蚁在这纸圈里面爬，它不用越过圈的外缘，也不用把纸穿个洞就可以一直爬到圈的外面。"是的，谁也没敢小看这个不起眼的怪圈，它是拓扑学的缘起！都说还有另外一个世界：物理学家说是一个和我们对称的反物质世界；数学家说那可能是个四维的世界。可是怎么才能到达那个世界呢？也许只有靠莫比乌斯曲面了，它是从这面走到那面去的最好的通道！

哪里都不只有鲜花，有时也有败草。在那边遥远一点的角落里正上演着一幕幕惨不忍睹的情景。年轻的数学天才躺在恋人的怀里默默地死去，他已承受不住更多的苦难。而他的她在轻轻地唱着，仿佛那古老的摇篮曲："燕儿飞去了！燕儿飞去了！"那边则是"群"的奠基者伽罗华，他正在与人决斗。"呼"地一声枪响，这位年仅21岁的天才倒在了血泊之中，是谋杀还是情杀？

这是两颗过早出生又过早陨落的新星。他们的成果生前都没得到承认，是因为没人能够理解。可他们都留下了丰富的数学宝藏，以至于今天人们还在研究他们的思想。

更悲惨的一幕映入了眼帘：希腊女数学家希帕蒂娅被狂奔的马车拖着，一直拖到了教堂……

赶紧离开这里吧,但愿这一切今后不再会发生。

心,终于平静了。看,数学王国的导游来了,他有一个好听的名字:尤异。这也是一个词语,在汉语词典里与优异相同。他像一位魔术师那样介绍自己的角色。他用手电筒的光柱在墙上截着,截出了一个圆、一个椭圆、一条抛物线还有双曲线……

他忽然发问:"你们知道古罗马的角斗场为什么是椭圆形的吗?猜中者赠免费门票一张。"

"现在正式开始数学王国之游。从哪里开始呢?当然是从头了!"

"嘘,小声点!别惊动了我们的祖先——原始人!"

02.一个难倒原始人的最简单问题

数学最基础的东西是数。那么,什么是数呢?它是怎么起源的呢?

原始人最早了解的是一一对应关系。他们在地上挖一个小坑,打一只羊就放进一枚石子,打两只羊就放进两枚石子。这就是一一对应的关系。

慢慢地他们发现,两只羊和两头牛都可以用同样的石子表示,也就是说,在两只羊和两头牛之间存在着一个共同的东西,而这个东西与是牛是羊并没有关系。这是什么呢? 就是后来说的2,被叫做数的东西。数是在具体事物中被发现,被抽象出来的一种概念。单独的数在数学之外毫无意义。譬如3,把它和具体事物结合起来就有了意义:3头牛、3只羊等。

现在该说说原始人的事情了。

清早出外打猎,作为头领的老祖母要"清点"人数,每走出洞口一个人她便在身边投下一枚石子。当打猎归来的时候,每进来一个人她便在那堆石子中拿出一枚。当所有石子正好拿完的时候,说明所有出去的人都平安归来了。当然究竟有多少人她是说不清的。

一天,在出去的人中有两个丧生了。归来时领头的人急忙向老祖母报告,可他不知道怎么表达"2"这个数目,而此刻狩猎去的人又等不及了,正当领头人和老祖母纠缠不清的时候,人们涌进洞去,而老祖母又没顾得上拣石子。于是,对她来说究竟丧生了几个人就永远是个迷了。这个现在连小孩子都认为最简单的问题却难倒了原始人。

这个例子说明人类必须找到一个表述数的办法。

甲原始人想向乙原始人说有5个什么东西,该怎么表达呢?最简便的办法就是利用手指:伸出一个手指表示1个,伸出两个手指表示2个,伸出五个手指当然就表示5个了,这是用肢体来表达的方式。那么要用语言呢?其实也可以和肢体联系起来,在南美洲有个土著民族,他们使用的数词也与手有关:

末尾的弯了(指小指) 是1

又弯了一个(指无名指) 是2

中间那个也弯了(指中指) 是3

就剩一个没弯了(指折了4个手指) 是4

一只手的指头全弯了 是5

一双手的指头全弯了 是10

那么,15该怎么说呢?显然是,我的一双手的指头全弯了,还有一只手的指头也都弯了。

随着人类的进步和抽象能力的发展,人类对数的语言表述方式逐渐形成了今天的样子。不过用肢体表达数的方式到今天也没有什么太大的变化,仍是伸出一个手指代表1,伸出两个手指代表2……篮球裁判伸出5个指头,再把手翻一下,就代表10号队员犯规了。

　　把数目记录下来 (刻在黏土板上或竹子、骨头上)，就诞生了记录数的符号。下面是古埃及壁画中的象形文字，就是计数的符号：

　　a. 莲花,表示一千 (1000)。古代尼罗河中莲花是很多的。

　　b. 尼罗河边的植物嫩芽，它们生机勃勃，可以表示一万 (10000)。

　　c. 蝌蚪们成群地聚在一起，很多很多，用它来表示十万 (100000)。

　　d. 这是一百万 (1000000)，它太多了,令人惊讶!就用一个惊讶的表情吧！

　　e. 一千万 (10000000)，这是只有神才用得着的数字,只好用神圣的太阳来表示了。

　　中国上古时代是用筹 (算筹) 做计算工具的，所以至今还有"把××当做筹码"的说法。筹,应该就是一种用做计算的竹片或竹棍。下面是用算筹表示数字的方法：

现在通用的计数符号是阿拉伯数字。

阿拉伯数字的全名应该叫印度——阿拉伯数字,它实际上是由印度人发明,由阿拉伯人传到欧洲继而传向世界的。

数　算筹　象形文字

💡思考空间

老祖母怎样才能知道有多少人丧生了呢?

03.饭店老板的幽默

一位饭店老板喜欢数学,又喜欢幽默。有一天,他贴出一张招聘广告,招聘服务员。广告是这样写的:

因事业发展需要,本店拟招聘服务员4名(不分男女),月薪20004元(五进制)。

本店拟招聘服务员
4 名(不分男女),月薪
20004 元(五进制)

"啊,月薪两万多! 这么高啊! "人们纷纷前去应聘,可去了才知道实际工资是每月1254元。可老板并没有撒谎,这是怎么回事呢 ?问题就出在那则招聘广告末尾的"五进制"上。哈哈,就让我们从头说起吧。

远古时期,生产力低下,物资极度匮乏,计数不会很大,一天猎得一头牛,甚至两头牛就很不错了,很少用到三。"三"实际上就是个很大的数了。我们翻开《现代汉语词典》,在"三"字的注释上就有两条:一是,二加一后所得的数目;另一个则是,表示多数或多次。现在我们常说的成语三番五次、举一反三、事不过三等,都是形容多的意思。

随着生产力的发展,人类就需要计大的数目了,于是就产生了进位制。

世界上有形形色色的进位制:有二进位的、五进位的、七进位的、十进位的、十六进位的、二十进位的、六十进位的。这些进位制大多与我们的身体有关。譬如前面谈到的那位篮球裁判,他提示10号犯规,实际上采用的就是五进位制。

十进位制是现在数学中采用的计数方式。我们双手有十个指头,数到头就是一双手的手指数,再数就得从头再来,这就是十进位。众所周知,南美洲的印第安人曾经创造了令人瞩目的玛雅文化,而玛雅文化中使用的是二十进制。这与当地天气炎热,人多赤脚有关,他们的进位制应该来源于手脚并用。伊拉克人的祖先古巴比伦人则采用六十进制。时至今日,这种进位制也一直被全世界的计时系统所采用。我们不禁要想,为什么放着简便自然的十进制不用,偏要采用复杂的六十进制呢?也许可能的原因如下:

10只有2和5两个约数,而60有2、3、4、5、6、10、12、20、30等九个约数。生活中经常出现某数被2、3、4、5等分的情况(例如1小时要被分成2、3、4、5等份),10不能被3和4整除,60却能。因此,在有些情况下使用六十进制反而很方便。

现在要谈的是二进制。

二进制是十七世纪德国大数学家莱布尼茨发明的。它一出现就深受科技界的欢迎。随着电子计算机的广泛应用,二进制更是如鱼得水,大显身手。电子计算机是用电子文件的不同状态来表示不同的数码。如果用十进制就必须使文件表示出10种不同的状态,而二进制只有两个数码,用"通电"和"断电"这两个状态就可以表示出来,因此二进制很方便。

在二进制中,只有0和1两个符号,0仍代表"零",1仍代表"一"。那么"二"怎么办呢?便得向左进一,就是"逢二进一",这样就可以用0和1两个数码表示出一切自然数。

自然数1、2、3、4、5、6、7、8、9、10，在十进制中表示为1、2、3、4、5、6、7、8、9、10，而在二进制中则相应表示为1、10、11、100、101、110、111、1000、1001、1010。

在近代，数学家把进位制用级数表达出来，例如

在十进制中，$2004=4×10^0+0×10^1+0×10^2+2×10^3$。

在五进制中，$2004=4×5^0+0×5^1+0×5^2+2×5^3$，能折合成十进制的254。

在二进制中，$10=0×2^0+1×2^1$，能折合成十进制的2，$11=1×2^0+1×2^1$，能折合成十进制的3，$100=0×2^0+0×2^1+1×2^2$，能折合成十进制的4，依次类推。

饭店老板那五进制中的$20004=4×5^0+0×5^1+0×5^2+0×5^3+2×5^4$，折合成十进制中的1254。因为我们日常用的都是十进制，因此，服务员的实际工资是1254元。

进位制

💡思考空间

在六十进制中，200004能折合成十进制的多少呢？

04.瞧这一家子

像人类的家族一样，数的家族中成员也是千差万别的。1、2、3、4、5、6、7、8、9、0这十个阿拉伯数字是家族中的元老。由这十个数字直接组成的数都叫自然数，例如123，9876543210等。这样的数无论多大，哪怕有十万位，只要中间没有插入别的符号，那它就是自然数。

自然数又叫正整数，与之相对的是负整数，就是在自然数前面加上"-"号的数。如-246，-1987654321等。

正整数与负整数合在一起就是整数。

与整数相对应的是分数。分数就是带有分号的数，像 $\frac{4}{5}$，$-\frac{3}{7}$，$\frac{9875643218}{79645236107}$ 等。只要中间带了个"-"，就是分数。当然它也有一个条件，这就是分子与分母都必须是整数，且分母不能是0。

整数与分数合起来就是有理数。

与有理数相对应的当然就是无理数了。

什么是无理数呢？无理数就是不能用分数表示的数。这是和有理数的本质区别。有理数包括整数和分数两部分,分数自然就是分数了,而整数呢?所有的整数都可以用分数的形式表示出来,最简便的就是在它下面加一个1作分母,例如3就可以表示为分数$\frac{3}{1}$。

不能用分数表示的数有很多,如$\sqrt{2}$、$\sqrt{5}$及圆周率π等,它们都是无理数。

为了表示无理数,人们引入了一个新的概念:小数。如3.14,0.28等。事实上,不仅无理数,有理数也可以表示成小数的形式。所有的分数,只要用它的分母去除分子就会变成小数;而所有的整数,只要在这个数的后面加上个小数点,再在小数点后面加上个0,就变成了小数。

因此,小数是有理数和无理数都能表示的形式。

小数又可以分为两种,即有限小数和无限小数。有限小数顾名思义是有限的,不管小数点后有多少位,哪怕是成千上万位,只要有个尽头就是有限小数。而无限小数却不是这样,例如用3除10,它的商是3.3333……怎么也除不尽,这个商就是无限小数了。

无限小数又有两种:一种是无限循环小数。即,小数点后面的数虽然也是无穷多个,但是很有规律,是循环往复的,例如3.333333……,2.35353535……。另一种是无限不循环小数,它不存在循环规律。例如π=3.14159265……还有$\sqrt{2}$、$\sqrt{5}$,把它们开方出来也得到无限不循环小数。由于无限不循环小数是不能对应一个准确的分数的,所以它是无理数。

无理数与有理数合起来就是实数。

以上的知识同学们肯定都学过,我不过给大家梳理一下罢了。其实我们重点要说的是和实数对应的数——虚数。

虚数很特别,它只有一个,就是$\sqrt{-1}$。

为什么称它为虚数呢?这是因为它在通常的观念里是不应该存在的,好像是表示不了什么实际的数量关系。我们用字母"i"来表示$\sqrt{-1}$,即$\sqrt{-1}=i$,那么,大家从开方的意义可以知道:$\sqrt{-1}$就意味着这个数的平方等于-1,即$i^2=-1$。

根据一些数的基本原则,包括负数在内的任何实数的平方都只能是正数,而i的平方是个负数,不在实数范围之内,那么它只好叫做虚数了。

这样,我们就有了实数和虚数。

那么,如果要把实数和虚数混合到一起呢?譬如3+2i,它既不是实数也不是虚数,这是一个复合数,这样的数就叫做复数。

整数、分数　有理数,无理数　有限循环小数,无限不循环小数　实数,虚数

💡思考空间

所有的无理数都可以表示为无限不循环小数吗?

05.$\sqrt{2}$引起的恐慌

$\sqrt{2}$的出世还真不平凡,它不仅引起了一群科学家的恐慌,引发了一场数学危机,甚至还引发了一桩谋杀案。

公元前六世纪的时候,古希腊有个由著名数学家毕达哥拉斯(就是发现毕达哥拉斯定理,我们也叫勾股定理的那个人)为代表的毕达哥拉斯学派。这个学派势力很大,他们崇拜数像崇拜神一样,认为是"数"统治着宇宙,世间的一切事物都可以用数表达出来。不过他们这个时期的"数"不是我们前面介绍的那些包括实数和虚数在内的全部数,而仅仅是指整数和整数比(分数),也就是现在说的有理数。让人万万想不到的是毕达哥拉斯发现的毕达哥拉斯定理让他们的主张出现了危机。

问题是毕达哥拉斯的一位叫希帕苏斯的学生发现的。

毕达哥拉斯定理(我们叫勾股定理)的内容是,"在直角三角形中,勾与股的平方之和等于弦的平方"。在当时表述为"任意直角三角形中,两直角边上所做的正方形的面积之和与斜边上所做的正方形面积相等"。

$\sqrt{2}$到底是个什么呢?

希帕苏斯想：如果直角三角形的两个直角边长都是1，那么他们的面积之和就是$1×1+1×1=2$，也就是斜边上的正方形面积，换句话说就是必然有一个数自乘（平方）之后等于2。那，这是个什么数呢？

把这个数记做$\sqrt{2}$，则$(\sqrt{2})^2=2$。

希帕苏斯首先证明了$\sqrt{2}$不可能是整数：

因为$1^2=1<2$，

所以$1<\sqrt{2}$；

又因为$2^2=4>2$，

所以$2>\sqrt{2}$；

也就是$1<\sqrt{2}<2$。

1与2之间不存在整数，所以$\sqrt{2}$不可能是整数。

其次，他又证明了$\sqrt{2}$不可能是分数。这是采用反证法来证明的，证明如下：

把$\sqrt{2}$用分数q/p来表示，即$\sqrt{2}=q/p$。其中p、q是已经约分过的，它们之间再没有大于1的公约数。

由$\sqrt{2}=q/p$，两边平方得

$$2p^2=q^2$$

由此可见q^2是偶数。由于q^2是偶数，则q也必然是偶数。于是可以设$q=2k$，将它代入上式，则得

$$2p^2=4k^2 \rightarrow p^2=2k^2$$

则p^2为偶数,p也必然为偶数。

既然p和q都是偶数,那么他们必然有公约数2,这与开始时约定的p和q没有大于1的公约数相矛盾,所以$\sqrt{2}$也不是分数。

这就最终证明了$\sqrt{2}$不是有理数。

毕达哥拉斯学派崇拜的数是整数和分数,而$\sqrt{2}$既不是整数也不是分数,也就是说,存在着一个被毕达哥拉斯学派崇拜的数之外的一个数。这是一件了得的事情吗?

毕达哥拉斯警告自己的学生不许把此事泄露出去,该组织也声称泄密者必将立即遭到毁灭。然而希帕苏斯并没有保守这个秘密,引发了数学史上的第一次数学危机,而希帕苏斯真的在乘船时被同行的人扔进了地中海。

课堂对对碰

勾股定理

💡思考空间

怎样才能证明,若q^2是偶数,则q也必然是偶数呢?

06.0不仅仅是没有

0是什么？你可能会回答："0就是没有。"

其实0的意义绝不仅仅是没有，它在数学上的地位也绝不是可有可无，这是一个不可替代的特殊数。它是坐标的原点，是正负数的分水岭。它还是什么呢？先看几个有趣的故事吧。

先说说纪元和年号的问题。

我们现在计算年都用公元几年。例如某人是公元1942年出生，那么到2002年他的年龄正好60岁。公元是从传说中的耶稣基督诞辰之日开始计算的，这个用起来很方便。我国古代不是使用公元纪年，而是使用年号。麻烦的是年号不是一个，而是经常地换来换去。不仅改朝

我换过十八次年号！

换代要换，就是同一个朝代里不同皇帝也有不同的年号。更为严重的是同一个皇帝也会有不同的年号。我国历史上著名的女皇武则天在位时就换了十八次年号，几乎一年改元一次。而历史上最短的年号只使用了不到一天，那就是金朝末年的"盛昌"。由于皇帝们的孤陋寡闻，有些年号被重复使用，其中"建光"这个年号竟被重复使用达十一次之多。直到中华人民共和国建国，才改用公元。

应用年号给史学家们带来了一些麻烦，为了确定某一个事件从发生到现在经过了多少年，就必须先确定这个事件发生在哪个年号的第几年，然后找到

相应的公元年份才行。然而也有不怕麻烦的国家,这就是日本。日本至今仍采用年号来计年。不过他们也做了改革:明治以前,每位天皇要用三个年号,从明治开始就采用了所谓的一世一元制,即每一位天皇只能采用一个年号。

我们说了这些,无非是想告诉大家还是公元记法好处多。从公元××年到公元前××年,我们自然想到了温度计,也想到了正负数。温度是零下多少度通常可以用负数来表示。如摄氏零下10度可以表示为-10 ℃,那么,公元前10年是否也可以照此办理,写成-10年呢?这是行不通的。你算算看,这样一来公元1年和公元前10年相差多少年呢?这是一个简单的算式:

$$1-(-10)=1+10=11(年)$$

而实际上公元1年就是公元元年,它与公元前10年只相差10年。上面算的结果平白无故地多出了1年。

这个例子你可能还看不清楚。那我们来个更简单直观的。这个问题就是公元1年与公元前1年相差几年。答案非常明确:公元1年就是公元第一年,也就是公元开始的那一年,与公元前1年当然只差1年了。可是我们要用上面负数的方法算,就又多出了1年。

把公元前1年表示为-1,那么,它与公元1年的差即:

$$1-(-1)=1+1=2(年)$$

想想看问题究竟出在哪里?

问题就出在0身上!

温度可以表示成负数,是因为温度计有个0度,而公元却没有0年。把温度计横过来就是个数轴,0就是数轴的原点,而公元却没有这个原点。类似的问题早被古代的数学家们发现了。他们最初在正数与负数之间留了一个空位,这个空位显然就是0的位置,只是后来才明确地表示为0。

至此你应该知道0除了表示"没有"之

外,还有多么重要的意义了。

0还有许多用途。譬如,0是正负数之间惟一的中性数,是正数与负数的分界数,0比所有的正数都小,比所有的负数都大。

0可以表示"没有",也可以用来表示数位,它的位置变化可以使数发生惊人的变化。如:2、0.2、0.02、20、200……这些数中都有一个相同的数字2,但决定它们大小的除了2之外还有0所处的位置。

0也可以表示运算或测量的精确度:2.8和2.80在粗略的计算中没有什么不同。可是在近似计算或测量中就有了不同的意义。2.80表示计算或测量的结果精确到了百分位(小数点后两位);而2.8则表示精确到了十分位(小数点后一位),它的十分位数字8说不定还是四舍五入的结果呢!

0一旦参加运算有时可大显身手:

$x-0$仍等于x,0没起什么作用,可是$0-x$就出来个$-x$;$0 \times a$就什么都没有了,$0 \div a$也是什么都没有,可是$a \div 0$那可就了不得了!

怎么样?0还只是"没有"吗?

在电子计算机的年代里,0更是了不起,其原因在前面进位制中已经说过了,如果忘了,你就再去看看!

公元纪年　原点

💡思考空间

0都有什么作用呢?请同学们试着总结一下。

07.神秘的 π

π 也是数的家族中一位很特殊的成员。

提起 π，人们自然会想到圆周率，想到3.1415926……可是你想到过金字塔吗？π和金字塔有什么关系呢？

众所周知，埃及的金字塔是世界七大奇观之一，以其巨大和奇异的风格闻名于世。它是由四个等边三角形组成的四棱锥形建筑物。其中最大的一座，也是目前保存得最完整的一座是古埃及第四朝法老胡夫的陵墓。关于金字塔有许多神秘的传说，从它们排列的位置，从它的建筑结构到它内部的神秘构造，人们总是怀疑它不仅是法老的陵墓这么简单。许多人甚至把它与外星文明联系起来。

单从数学的角度我们可以发现一个奇迹：建于公元前2600年左右的胡夫大金字塔，高度为146.73米，塔底的每边长230.4米（塔底是正方形结构）。我们用塔底的周长（230.4米×4）除以塔高的2倍（146.73米×2），得到的商是3.14，恰好是准确到百分位的圆周率 π！难道距今4500多年前的古

代埃及人就知道 π？他们把 π 隐藏在金字塔的数字里究竟又是什么用意呢？难道真的是具有高智慧的外星人所为？星球间智慧生命的语言肯定是不通的，也没有人会翻译，那么怎样做最初的相互沟通呢？数学也许是最好的方式：我向你发出一个数学暗示，如果你是智慧生命，那你肯定会理解，于是我们就会有交流的基础。金字塔里的 π 会不会是这种作用呢？这只有在今后做进一步的考查了，目前还只是科幻小说家们的话题。

我们知道，π 是个无限不循环小数，它是圆的周长与直径的比值。直径的长度很好测量，可是圆周是弧形的，就不好测量了，于是人们想出了作圆内接正多边形的方法。当这个正多边形的边数越增越多的时候，它的周长就越接近圆的周长了。我国魏晋时期的刘徽，在公元263年就用这样的方法求出 π 的值，约为3.14。后来他又将圆内接正多边形提高到3072边形，求得的 π 值约为3.14159，这已经很精确了，我们一般计算中也很难用到这么精确的位数。

刘徽计算 π 值的方法在数学史上被称为割圆术。

公元460年，我国南朝的数学家祖冲之也采用割圆术，算得 π 值在3.1415926和3.1415927之间。他是世界上第一位把 π 值精确到小数点后6位的数学家。祖冲之的 π 值保持了一千多年的世界纪录，直到公元1427年，伊朗数学家阿尔·卡西把 π 值计算到小数点后16位，才打破了这个纪录。

从十六世纪后期开始，西方引发了一场计算 π 值的竞争。不过，大家采用的方法没什么改进,仍是割圆术,只是圆内接正多边形的边数越来越多。

公元1579年,数学家韦达用6×2^{16}边形,也就是393216边形,将 π 值精确到小数点后 9 位。

公元1593年,罗曼用2^{30}边形推算,将π值精确到小数点后15位。

公元1596年,德国人(也有说是荷兰人)卢

道夫用2^{62}边形将 π 值计算到小数点后35位,这几乎用尽他一生的精力,1610年他逝世后,人们根据遗嘱把他所计算出的 π 值刻在墓碑上。3.14 159 265 358 979 323 846 264 338 327 950 288,这就是传说中的 π 墓志铭。可惜这块墓碑早已找不到了。卢道夫计算的 π 值后来被称做为"卢道夫数"。

这种圆内接正多边形逼近的算法虽然有效,但太笨了,太消耗精力,数学家们又设法在算法上进行改进,找出各种各样形式独特的式子来接近 π 值。直到牛顿发明了微积分以后,π 值才被迅速向前推进。公元1706年,π 的数值终于达到了小数点后100位。到了18世纪后期,那种用割圆术求 π 值的方法终于退出了历史舞台。

公元1873年,香克斯将 π 值计算到了小数点后707位,这个纪录一直保持到计算机问世。可是在1946年,有人发现这个数从小数点后第528位起就已经错了。

20世纪50年代,人们用计算机算得了小数点后10万位的 π 值,70年代刷新到了150万位。1990年数学家采用新的计算方法,将 π 值算到小数点后

4.8亿位。

把 π 值算到这么精确已经没有什么实际意义,人们对找到更精确的 π 值已经没有什么兴趣。不过冗长的 π 值倒成了锻炼人们记忆力的好帮手。我国聋人大学生周婷婷,在1988年她8岁的时候就背诵 π 值到小数点后1000位,创造了少年吉尼斯纪录。目前世界上背诵 π 值的成年人吉尼斯纪录是42195位,是日本人广之后藤背诵了9个小时后创下的。

π 的确是个不平凡的常数。它不仅用于圆的计算,也出现在许多重要的物理、数学公式中。

课堂对对碰

圆周率　割圆术

💡思考空间

试着背诵π值,看你能记到小数点后几位?

08.神通广大的无穷大

无穷大是个数,像0、1、2等一样都是数学家庭中的一员,不过它的模样有点怪,像一个躺着的阿拉伯数字8 (∞)。据说是在公元1655年由英国数学家约翰·沃利斯首先使用的。其实早在公元前6世纪左右,人

们就已经意识到无穷大的存在。可能由于宗教和信仰问题,他们对无穷大产生了极大的恐惧,千方百计加以回避。两千多年以后,无穷大才得以登堂入室取得了合法的地位。

许多事物中都包含有无穷大,而无穷大也可以创造出不可思议的东西。

$1/0=\infty$, $1/\infty=0$

大家一起再讨论下一个问题为什么2能等于1。

设a和b是两个相等的正数,即

$a=b$

则 $a^2=ab$

$a^2-b^2=ab-b^2$

也就是 $(a+b)(a-b)=b(a-b)$

从而 $a+b=b$

也就是 $2b=b$

所以 2=1 证毕

大家都知道2是不等于1的,那么问题出在哪里呢?问题就出在无穷大

身上。

原来上面第4个等式中等号两边同时除以了$(a-b)$，而$a=b$，因此等于等式两边都除以了0，变成了∞，而这样的方程是没有意义的，0是不能做除数的。

前面我们说过计算π值最初用的是割圆术，也就是作圆的内接正多边形。随着正多边形边数的增加，它的周长就越来越接近圆的周长。当正多边形的边数趋近无穷大时，正多边形周长的极限就是圆的周长。无穷大往往和极限的概念是相联系的。

在宇宙里无穷大的表现是很多的。首先，时间和空间就是无限的。我们在晴朗的秋夜向浩翰的天空极目远眺，在视野的边缘是银河的姊妹星系——仙女座的大星云，它距离我们2×10^6光年之遥。光年就是光在一年里走过的路程。光速约是30万公里/秒，一天是86400秒，一年是365天，2×10^6年是$86400 \times 365 \times 2 \times 10^6$秒。这样一来，仙女座大星云距我们多少公里就可以算出来。

30万公里/秒$\times 86400 \times 365 \times 2 \times 10^6$秒

答案自己算算吧，看看这个数字惊不惊人？

这么遥远的距离与我们的日常经验相比，其实已经是无穷大了，可这仅仅是宇宙中的一个小巫，在宇宙深处还有数不清的比这远得多的星系，那才是大巫呢！

08.神通广大的无穷大

在微观的世界里,无穷大也是主角之一。分子是由原子组成的,原子是由原子核和核外电子组成的,而原子核是由质子和中子组成的,质子和中子又是由其他基本粒子组成的。这些基本粒子还可以分下去,永无止境。这就是微观世界的无穷大。

无穷大在现实生产和生活中也是屡见不鲜的。例如望远镜的原理。公元1611年,世界上出现了第一台折射式天文望远镜,又叫开普勒望远镜,它由两块凸透镜构成。物镜的第二焦点与目镜的第一焦点重合,所以筒长等于两透镜的焦距之和。这样,无限远处的物体在物镜后面生成的倒立的实像刚好成在极趋近透镜的公共焦点的位置上,目镜此时便起到了放大镜的作用,把这个倒立的实像放大成大出很多倍的虚像。

物镜的焦距与目镜的焦距比越长,放大的倍数就越大。这就是为什么天文望远镜(开普勒望远镜)的镜筒都很长的缘故了。

在高等数学中将会常常遇到与∞(无穷大)相关的所谓"不定式",如$0/0$、∞/∞、$\infty-\infty$、1^{∞}、∞^0等,他们的结果要视所涉及的过程来确定。

课堂对对碰

光年　分子　原子　开普勒望远镜

?思考空间

仙女座大星云距地球多少公里呢?

27

09.直觉有时喜欢恶作剧

直觉是什么？直觉是建立在经验基础上的分析和判断。因此，直觉有时是可靠的。数学的源头其实就是直觉。历史上哪个难题和猜想不是数学家凭直觉构思出来的？不过它们得需要推理和证明。证明了以后才成为定理或定律，不然就只能叫猜想，譬如哥德巴赫猜想。

不加证明的直觉有时会恶作剧，会得出荒诞的结论。

例1：一辆汽车由A驶往B，去时速度是50公里/小时，回来时是下坡，速度是60公里/小时。问：它往返两地的平均速度是多少？

相当数量的人会凭直觉回答是$\frac{50+60}{2}=55$（公里/小时）。

其实这是个错误的答案。因为平均速度并不是把速度平均，而是总路程与总时间的比，即$v=\frac{s}{t}$，其中s为总路程，v为平均速度，t是总的时间。

设由$A \to B$的路程为s_1，速度为v_1，所需时间为t_1。

由$B \to A$的路程为s_2，速度为v_2，所需时间为t_2。

则$s_1=s_2=\frac{s}{2}$；$t_1=\frac{s_1}{v_1}=\frac{s}{2v_1}$，$t_2=\frac{s_2}{v_2}=\frac{s}{2v_2}$

$$v=\frac{s}{t}=\frac{s}{t_1+t_2}=\frac{s}{\frac{s}{2v_1}+\frac{s}{2v_2}}=\frac{s}{\frac{s}{2}\left(\frac{1}{v_1}+\frac{1}{v_2}\right)}$$

$$=\frac{2}{\frac{1}{v_1}+\frac{1}{v_2}}=\frac{2v_1v_2}{v_1+v_2}=\frac{2\times50\times60}{50+60}\approx54.5（公里/小时）$$

例2：用一块铁板切割出一个半径为r的小圆，需花材料费10元。那么，切割一个半径为2r的大圆，需花材料费多少元？

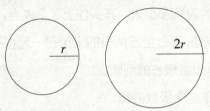

答案好像是20元。可实际上圆的面积不是与半径呈线性关系，而是呈平方倍增长的，因此应该满足关系：$\pi r^2 : \pi \times (2r)^2 = 10 : x$

即$x = \dfrac{10 \times \pi \times 4r^2}{\pi r^2} = 40$（元）

级数和指数函数数值的增长往往是非常快的，出人意料。

例3：一个国王要给大臣奖赏，问该大臣想要什么？当时大臣正陪国王下棋，他就指着棋盘说：陛下，您就赏我一点米吧！在这棋盘的第一格里放下一粒米，第二格里放下两粒米，以后每个格里都比前个格里的米数增加

陛下，你就赏我一点米吧！

一倍,直到放满棋盘所有格子为止,行吗?"

国王几乎没怎么想就同意了。因为,他觉得米粒那么小,而且棋盘总共才几十个格子,充其量也没有多少米。其实他上了个大当。事实上,如果棋盘上所有格子都装满米粒,那么全国所有的米加在一起也不够赏给这个大臣的。因为这是一个呈级数增长的问题。

总米粒数s实际上是这个级数的和:

$$s=1+2^1+2^2+2^3+\cdots\cdots+2^{n-1}$$

(n为棋盘格数)

你按求和公式算算就知道这个数目有多大了。

同样的,我们再看看指数增长的例子。

例4:有一张无限大的纸,它的厚度为1毫米,现在把它对折成2片,然后再对折成4片,然后再对折。这样一直折下去,问折50次之后,它是否能有1米厚?

1毫米厚的纸折50次怎么会有1米厚呢?你一定会这么想。可是粗略地估算之后,就会发现你的想法大错特错了:

折1次,纸变成了2层;折2次变成了4层;折3次变成了8层,也就是2^1、2^2、2^3,那么折50次就变成了2^{50}层。每1层是1毫米厚,那么此时的厚度为2^{50}毫米,毫米与厘米,厘米与分米,分米与米都是十进位的。为此,我们对这个厚度取以10为底的常用对数。

$$\lg 2^{50}=50\times0.3010=15.05$$

也就是说,这个厚度可以换算为比10^{15}毫米还要大的数字。而1米仅仅等于10^3毫米,你看相差有多少倍呢?是10^{12}倍!

例5：三个人每人出2万元委托某甲买股票，总共是6万元。某甲只买到了5.5万元的股票。他留了2千元作为自己的劳务费，把其余3千元，每人1千退给了那三个人。可是事后他怎么也算不明白账：那三人原是每人交2万，后来每人退给1千，那么，变成每人交了1.9万。这样，三人总共交了5.7万元，加上某甲劳务费2千元，总共是5.9万元。怎么一折腾就少了1千元，这1千元哪里去了呢？

例6：请你量一量，下图 AB 与 MN 两条线段谁长些？你的回答一定是AB 比 MN 长些。实际上它们是一样长，这又是直觉造成的错觉。

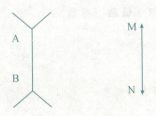

还有下面图中，两个梯形的上底本来是相等的，可是看起来却一大一小。这也是直觉的错误。这个错误是由夹角的扩张和收缩引起的。

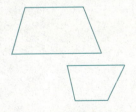

还有两个图,是什么问题,请读者自己发现吧!

平均速度　圆的面积　级数　指数

💡思考空间

1.例5中的1千元到哪去了呢?

2.例6中那两条黑线是平行线吗? 中间是个圆吗?

10.兔子永远也追不上乌龟吗

　　直觉的错误是自己欺骗自己,而欺骗别人的,那就是悖论。数学中有趣的悖论很多,有的是专门为了游戏,有的则是为了某种辩论。明知是错的,却让人驳不倒你。

　　下面是几个载入数学史册的著名的悖论:

　　(1) $1 = -1$

　　由于 $\sqrt{a}\sqrt{b} = \sqrt{ab}$,所以 $\sqrt{-1}\sqrt{-1} = \sqrt{(-1)(-1)} = \sqrt{1} = 1$

　　又因为 $\sqrt{-1} \cdot \sqrt{-1} = (\sqrt{-1})^2 = -1$

　　所以 $1 = -1$

　　错误的原因在于只在 $a \geqslant 0$、$b \geqslant 0$ 时,才有 $\sqrt{a}\sqrt{b} = \sqrt{ab}$,所以 $\sqrt{-1} \cdot \sqrt{-1} = \sqrt{(-1)(-1)}$ 不成立。

　　(2) $\dfrac{1}{8} > \dfrac{1}{4}$

　　由于 $3 > 2$,则得 $3\lg\dfrac{1}{2} > 2\lg\dfrac{1}{2}$,于是

$$\lg\left(\frac{1}{2}\right)^3 > \lg\left(\frac{1}{2}\right)^2$$

即

$$\lg\left(\frac{1}{8}\right) > \lg\left(\frac{1}{4}\right)$$

$$\frac{1}{8} > \frac{1}{4}$$

　　问题出在 $\lg\dfrac{1}{2}$ 是个负数。等式两边同乘 $\lg\dfrac{1}{2}$,即是同乘一个负数,不等号应该改变方向,即 $3\lg\dfrac{1}{2} < 2\lg\dfrac{1}{2}$,而不是 $3\lg\dfrac{1}{2} > 2\lg\dfrac{1}{2}$。

数学悖论是多种多样的,不仅表现在算式推导中。现在我们来看与传统版本不同的龟兔赛跑的故事:

传统的版本是:在风和日丽的夏天,一只乌龟在河岸上学习跑步。小白兔看见了,很是瞧不起,不屑地说:"笨乌龟,你也想学跑步?"于是引发了龟兔赛跑,一决高下。小白兔仗着自己跑得快,跑到半路竟睡起觉来。乌龟虽然跑得慢,可是总在奋力地跑,一会儿也不歇。这样,当小白兔睡醒的时候,发现乌龟已经跑到终点,眼睁睁地输掉了本来胜券在握的比赛。

这个寓言旨在告诫人们不要骄傲,是个很好、很形象的寓言。

如果小白兔吸取了教训,不再骄傲,当然跑到途中也不再睡觉,那不言而喻,胜利的当然是小白兔了。因为谁都知道,小白兔要比乌龟跑得快得多。可是,如果我们把比赛规则改一下呢,那会是个什么结果呢?

新规则是这样的:小白兔让乌龟先跑100米,然后去追它,这时谁先跑到终点,胜利者是谁?

如果比赛的路程足够远,譬如是300米开外,那你一定会说小白兔必胜无疑。可我们会得出相反的结论,即小白兔永远也追不上乌龟!

不相信吗?那你看看如下的分析:

乌龟跑出100米后小白兔开始跑。小白兔跑的时候乌龟当然还在跑。这样,当小白兔追到100米的地方,乌龟已经离开了那里,又向前跑了一段路

难道我就永远追不上你吗?

程。这样,当小白兔又追到这个地方的时候,乌龟已经又向前跑了一段。重复这个过程你可以看出,小白兔尽管可能离乌龟越来越近,可是乌龟却总是在它前头,小白兔永远追不上乌龟。

这显然是有悖常理的结论。可是它又错在哪儿呢?

下面我们通过具体事例的计算来研究一下这个问题:

为了方便计算,我们假定这只小白兔是只刚会跑不久的小兔子,或者是一只生了病的,再或者是一只快饿昏了的小兔子。总之,它跑得不十分快,其速度仅仅是乌龟的10倍。那么,在它追上乌龟之前,乌龟跑过的路程应为

$$S=100+10+1+\frac{1}{10}+\frac{1}{100}+\cdots\cdots$$

我们看,加数的个数是不少,是无穷多个吧,可是被加的数却越来越小。其总和应是个有限数。事实上,小白兔在乌龟跑出$111\frac{1}{9}$米处就可以追上它了。

我国春秋时期是个思想解放言论自由的时期,有识之士喜欢辩论。高明者竟能把白马辩成黑马,使对手无法反驳。

有一个外国故事说议员们为了体现他们的人道主义精神,专门通过了一项法律。这项法律说不许告诉死刑犯人要在一年中的哪一天处死他。其结果是犯人根本无法被处死。

你想,一年中最后一天是第365天,在这一天是不能处决犯人的。因为,第一,犯人知道他今年必须被处死;第二,今天是全年最后一天,今天如果不处死,那就变成明年的事了。因此,他是知道今天要被处死的。这样一来就违背了新通过的那项法律。这天

不行!

那么是不是可以在前一天,即第364天处死呢?也不行!因为第363天都没被处死,第365天又不能被处死,那不明摆着就是今天——第364天被处死吗?第364天也不行了。

这样一直往前推,推的结果是一年365天里,哪一天都无法处决死囚。

这当然是一个悖论。

可是,悖论有时也是可以对人有启发的。请看下面这个例子:

某学者正在研究人的头发问题。假如他得出结论说正常人的头发有两万根,那么少多少根头发算是秃子呢?学者说"我定义是一半"。就是说头发少于一万根者就为秃头。

我们会想:那么,如果给秃头的人增加一根头发,那他还算不算是秃头呢?

对于数以万计的头发来说,多一根少一根无异于大海之中多一滴或少一滴水,根本改变不了什么。因此学者说:"那他还应该是秃头。"

于是就有一个结论:给秃头的人增加一根头发,他仍然为秃头。

那我们要是再给他增加一根头发呢？

因为他虽然已经增加了一根头发,可仍旧被认定为秃头,那么,根据上面的结论:秃头者再加一根头发还是秃头。即,他还是秃头。依次增加下去,也依次推断下去,我们把他的头发一次次地增加了一万根,也就是达到了不秃的两万根水平的时候,他仍旧是秃的。

这当然也是个悖论。

实际上秃与不秃是个模糊的概念,很难用增加几根或减少几根来衡量。世界上这样模糊的现象和模糊的事物是很多很多的,数学家们本来是不屑于模糊事物的,可是他们能永远视而不见吗？于是,模糊集合的概念应运而生了。公元1965年,加利福尼亚大学控制论教授L·A·理查德首次提出了这个概念,由此产生了一个新的数学分支——模糊数学。

课堂对对碰

悖论　模糊数学

💡思考空间

你还能举出模糊数学的例子吗？

五光十色的数学

11.称量圆球的体积

人们称阿基米德为数学之王,这个称号他当之无愧。现在人们最熟悉的是他发现的物理的浮力定律,即"浸在液体中的物体所受的浮力,等于它所排出的液体的重量。"以及他因发现这条定律而发生的著名的裸奔事件。其实他在数学史上的地位很高,与牛顿、高斯并称三大数学之王。只不过他发现的数学规律太早,人们今天不大使用罢了。

在两千多年以前,当那时的人们连想还都没有想到人类还会创造出微积分这个数学工具的时候,阿基米德就已经准确地给出了只有用重积分才能严格地推导出的球体积公式 $\dfrac{4}{3}\pi r^3$。

他是怎么求得的呢?

他用的不是纯数学的方法,是用他发现的杠杆原理,也就是说是用秤称出来的!

体积能用秤称出来,真是匪夷所思!

他的办法是这样的:

设有一个圆柱竖直放在水平面上,底半径为r,高为$2r$。该柱有一内切圆球,另有一个底半径为$2r$、顶点在圆柱上底中心的圆锥,该圆锥底面与圆柱下底共面。

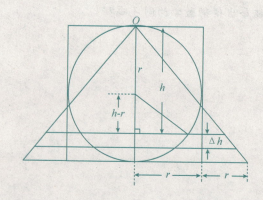

现在用两两相距极近的一组水平平面截此三个几何体,然后取离圆锥顶点为h的那一片,设此片厚度为Δh。

注意,此时实际上是同时截取了三个小片:一个是圆柱的小片,其底半径为r,厚度为Δh;一个是圆球的小片;另一个是圆锥的小片,厚度为Δh,底半径为h。(圆锥的中心竖剖面的一半为等腰直角三角形)

当Δh足够小时,球片和锥片的上下底相差无几,因此它们的体积也都可以用圆柱体积公式计算。因此:

柱片体积 $V_{柱片}=\pi r^2 \Delta h$

锥片体积 $V_{锥片}=\Delta h \pi h^2$

球片体积 $V_{球片}=\pi r^2 \Delta h-\Delta h \pi (h-r)^2$

$$=\Delta h[\pi h(2r-h)]$$

取一个支点在中点、全长为$4r$的杠杆,把截取的球片和锥片挂在杠杆左端的"钩"上(P点),把柱片挂在支点右端距支点h处。设圆柱、圆锥和圆球是同种均匀材料制成的,其密度为1,则杠杆左端的总力矩绝对值为$2r\cdot(V_{球片}+V_{锥片})$,即

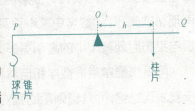

$$2r\cdot\{\Delta h[\pi h(2r-h)]+\Delta h \pi h^2\}$$

$$=2r\Delta h \pi h(2r-h+h)$$

$$=4r^2\pi h \Delta h$$

由于 $V_{柱片}=\pi r^2 \Delta h$,上式可写为$4hV_{柱片}$。

由 $2r\cdot(V_{球片}+V_{锥片})=4r^2\pi h \Delta h$,可得出

$$2r\cdot(V_{球片}+V_{锥片})=4h\,V_{柱片}$$

当把所有碎片都如上挂在杠杆上的时候,则左端的总力矩绝对值即为

$$2r\cdot(V_球+V_锥)=4hV_柱$$

当把 $V_球$、$V_锥$、$V_柱$ 看做质点的时候，它们所形成的力臂即其重心到杠杆支点的距离。此时 $h=r$，则

$$2r(V_球+V_锥)=4rV_柱$$

亦即

$$V_球+V_锥=2V_柱$$

$$V_球=2V_柱-V_锥$$

已知 $V_柱=\pi r^2 \cdot 2r$，$V_锥=\dfrac{1}{3}\pi (2r)^2 \cdot 2r$

代入上式得

$$V_球=\dfrac{4}{3}\pi r^3$$

阿基米德这位伟大的数学和物理学家，把两个学科结合得多么巧妙。难怪数学家莱布尼茨说："了解阿基米德的人，对后代杰出人们的成就就不再那么钦佩了。"数学史家M·克莱因也说："阿基米德作品中的严格性比牛顿与莱布尼茨著作中的高明得多。"

阿基米德常常把数学和自然科学融为一体来进行研究。他说："力学便于我发现结论，而几何则帮助我对结论作出证明。一旦这种方法确定之后，有些人，或是我们同时代的人，或是我们的后人，将会利用它发现我尚未想到的定理。"事实证明，他的理想已经被许多后人所实践了。

阿基米德被认为是牛顿之前最伟大的科学家。他集数学家、物理学家、发明家等许多头衔于一身，而每一个头衔在希腊或整个古代西方世界都是顶尖的。他可能出生于公元前287年，是叙拉古人。叙拉古位于意大利半岛南部的西西里岛上，属希腊的城邦。

阿基米德平生只做两类事情：一类是科学发明，二类是科学研究。不过他从不重视自己发明所取得的荣誉，在自己的著作中也从不提及。不过据后人统计他发明创造的东西还真不少，大都非常实用。例如能把水从船舱排出去的阿基米德螺旋泵，还有许多天文仪器等。不过他发明最多的还是

武器,用来抵御外族人的侵略。在罗马人进攻叙拉古时,这些武器把敌人打得闻风丧胆。据说他发明了一种"死光"能烧毁敌人的舰船。有人说是类似于激光那样的武器,这在那个时代是不大可能的,最大的可能性是利用光学原理聚焦太阳能量的武器。

与阿基米德生平有关的,带有标志性的事件有三个:一是"我知道了"的大喊和裸奔;二是"给我一个支点我就能撬起地球!";三是叙拉古保卫战和他的临终遗言:"不要动我的圆!"

先说第一件事:

国王给了工匠一些金子,让他制作一顶纯金的王冠。王冠做好了,很漂亮,国王很高兴。但是很快就有人告发说工匠在王冠里掺了银子。

到底有没有这回事呢?证据何在?

国王让许多人来鉴宝,可是谁也没有办法。要知道那个时候还没有光谱分析。搞破坏性试验?王冠做得那么精美,国王又很舍不得,无奈之下只好找到了大名鼎鼎的阿基米德。

冷手抓热馒头,阿基米德一时也难住了。干脆休息一下,去洗澡堂(就是现在叫桑拿的那个地方)洗个澡吧。他刚下了水就有了一种异样的感觉:啊,水有向上浮的力!过去怎么没注意呢?不同的人,浮力的大小是不是一样呢?他略加思索,大叫一声:"啊,我知道了!"连衣服都忘了穿,就跑出了澡堂。他干什么去了?当然是回去做实验。

"我知道了!"

那,他知道了什么呢?就是著名的浮力定律,也叫阿基米德定律。

现在可以解决王冠是否掺假的问题了。思路是这样的：

已经知道了两个前提条件：一，王冠的重量是一定的。不管掺假没掺假，它们的重量都不应该变；二，同等体积下，金子比银子要重。换句话说，在重量相同的情况下，银的体积会比金的体积大。那么掺了银的王冠肯定也会比纯金王冠的体积大些。

可是怎么测量王冠的体积呢？要知道它是一个不规则几何体，既不好用尺量，也不好计算，就是用现在的微积分恐怕也无能为力。阿基米德有办法：把它浸到水里，它排出的水的体积就是王冠的体积了。这样看来定性地解决王冠的问题一点也不难。

可是你要注意了：你手上只有一个王冠，不是有一个纯金的，还有一个掺了假的。那么，你用这个王冠和谁比较呢？最直接的办法就是再用同等重量的纯金再做一个王冠。不，用不着这么费事，拿同等重量的一陀黄金来也行。可除了国王，还有谁能弄到这么多黄金呢？再有一个办法就是知道黄金的比重。用比重去除黄金的重量就得到纯金王冠应有的体积了。把那顶正在被鉴定的王冠的体积与此做比较，结论就自然出来了。

以上是定性的鉴定。假如鉴定的结果是王冠里真的掺了假，国王想知道银匠究竟换走了多少黄金，怎么办呢？那好像得列方程了。你列列看吧，让自己也做一回阿基米德。

还是这个王冠的问题，阿基米德在整个解决的过程中用到浮力定律了吗？没有！那为什么说他在澡堂子里找到了浮力定律呢？你想：阿基米德先是感觉到了水有浮力，接着想到这浮力的大小跟浸到里面的物体的某一个性质（重量、体积或是形状）应该有关。他是一个做学问的人，一个喜欢刨根问底的人，到这里他能放弃吗？于是浮力定律就被发现了。其实我们研究问题都该有这种坚持到底的精神，不可功亏一篑。就像地下18米处有水，你已经钻到17.5米了就不钻了，多可惜啊！

阿基米德的第二件著名轶事是他跟叙拉古国王希伦二世说："给我一个支点，我能撬起地球！"有人说阿基米德吹牛，其实不是，这只不过是他在形象地说明杠杆的巨大作用。为了证明自己所言非虚,他让国王从船队中选了一艘最大的货船。这艘船有三根桅杆,体积巨大,据说刚下水时几乎动员了全国的男子来拖它。就是这样一艘大船竟让阿基米德用一组滑轮轻而易举地拖上岸来。滑轮就是杠杆的变种。

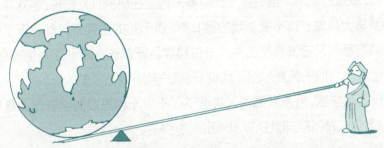

国王信服了,并立刻吩咐下去:"今后凡是阿基米德的话我们都要相信。"

至于那撬地球的话,我想也就是阿基米德的一句豪言壮语而已。他当然知道别说找不到那么大的杠杆,就是找到了,恐怕要想把地球撬起1毫米,人一生的时间也完不成啊!

地球约重$6×10^{24}$千克,人的体重约是60千克,这个人要用全身的重力压下杠杆的一端来撬起地球。那么,把地球撬起1毫米,人得把杠杆另一端压下多少公里?按自由落体计算(v_0=0,g=9.8米/秒^2)落下这段距离需要多少时间?你算算看,人的一生能完成这个使命吗?

最后一个故事是阿基米德用自己的科学才能参加保卫家乡叙拉古的战役。

这场保卫战发生在第二次布匿战争时期(公元前213年),入侵者是罗马人,他们的势力比叙拉古人大得多。可是叙拉古人心很齐,抵抗得也特别坚决,阿基米德设计出的武器更是使罗马士兵闻风丧胆。例如,他发明了一种类似起重机的设备,可以从城墙上把敌人的战舰抓起来,再狠狠地摔下去,摔个粉碎。他还发明了一种抛石机,能将巨石抛出去很远,打击敌人。再就是我们前面提到过的"死光"等。罗马军队的统帅马塞卢斯嘲笑他手下那

五光十色的数学

些无用的工程师说:"我们还能同这个懂几何的'百手巨人'打下去吗?他坐在海边,把我们的船舰像抛钱币那样轻松地抛来抛去,还射出那么多的飞弹,简直比神话里的百手妖怪还厉害。"

罗马人只围不攻,想困死叙拉古人。最后,有一个叙拉古人叛变了,城门打开,叙拉古沦陷。据说那一天阿基米德正在研究几何图形,他对冲进屋来的罗马士兵说:"请不要动我的圆!"可那无知的士兵却一剑砍下了他那颗充满智慧而又白发苍苍的头,一位科学巨匠就这么走到了人生的尽头。这位士兵也为他的愚蠢付出了代价:马塞卢斯下令杀了他。

作为数学家,阿基米德为人类留下了不下十种重要数学著作。最著名的有《方法》、《论球与圆柱》以及《圆的测定》等。

"请不要动我的圆!"

阿基米德是整个西方数学史上最伟大的数学家之一,有人称他为"数学之神"。还有的数学史家说,任何一张列出有史以来最伟大的数学家的名单中,必定会有阿基米德,另外两个通常是牛顿和高斯。

课堂对对碰

球体积公式　浮力定律　杠杆　滑轮

💡思考空间

1.银匠究竟换走了多少黄金?

2.请计算,如果人类要将地球撬起1毫米需要多少时间?

44

12.太阳神阿波罗的牛群

有一个"阿基米德与牛"的问题,于公元1773年在一册古希腊文献的手抄本中被发现。据说阿基米德曾用此问题向当时亚力山大城著名的天文学家厄拉多塞尼挑战。这当然是善意的,类似于我们今天的游戏活动。

题目是这样的:

在西西里岛上有一群太阳神阿波罗的牛群,这群牛中有公牛和母牛,它们都是白、黑、花、棕四种颜色。其中,白色公牛数多于棕色公牛数,多出的头数是黑色公牛的 $\left(\dfrac{1}{2}+\dfrac{1}{3}\right)$;黑色公牛也多于棕色公牛,多出的头数是花色公牛的 $\left(\dfrac{1}{4}+\dfrac{1}{5}\right)$;花色公牛又多于棕色公牛,多出的头数是白色公牛的 $\left(\dfrac{1}{6}+\dfrac{1}{7}\right)$;而白色母牛是黑色牛的 $\left(\dfrac{1}{3}+\dfrac{1}{4}\right)$;黑色母牛是花色牛的 $\left(\dfrac{1}{4}+\dfrac{1}{5}\right)$;花色母牛是棕色牛的 $\left(\dfrac{1}{5}+\dfrac{1}{6}\right)$;棕色母牛是白色牛的 $\left(\dfrac{1}{6}+\dfrac{1}{7}\right)$。

试问各色公牛母牛数是多少?

这道题在今天用列方程解也不算太难,关键是后面运算的步骤。我们现在试试看：

设白、黑、花、棕四种颜色的公牛数分别为x_1、y_1、z_1、t_1，相应的母牛数分别是x_2、y_2、z_2、t_2，则，依题意有：

$$x_1-t_1=\left(\frac{1}{2}+\frac{1}{3}\right)y_1 \tag{1}$$

$$y_1-t_1=\left(\frac{1}{4}+\frac{1}{5}\right)z_1 \tag{2}$$

$$z_1-t_1=\left(\frac{1}{6}+\frac{1}{7}\right)x_1 \tag{3}$$

$$x_2=\left(\frac{1}{3}+\frac{1}{4}\right)(y_1+y_2) \tag{4}$$

$$y_2=\left(\frac{1}{4}+\frac{1}{5}\right)(z_1+z_2) \tag{5}$$

$$z_2=\left(\frac{1}{5}+\frac{1}{6}\right)(t_1+t_2) \tag{6}$$

$$t_2=\left(\frac{1}{6}+\frac{1}{7}\right)(x_1+x_2) \tag{7}$$

这是一个方程组。

其中式(1)、(2)、(3)是关于x_1、y_1、z_1、t_1的不定方程组。由它们可解得

$$x_1=\frac{742}{297}t_1,\ y_1=\frac{178}{99}t_1,\ z_1=\frac{1580}{891}t_1$$

由于x_1，y_1和z_1必须为整数，而该三式中t_1的系数都是既约分数，所以，t_1必须同时能被99，297和891整除。所以，可取$t_1=891t$（t是正整数），这时应有

$$x_1=2226t,\ y_1=1602t,\ z_1=1580t,\ t_1=891t$$

将它们代入式(4)、(5)、(6)、(7)得到

$$\begin{cases} 12x_2-7y_2=11214t \\ 20y_2-9z_2=14220t \\ 30z_2-11t_2=9801t \\ 42t_2-13x_2=28938t \end{cases}$$

解此方程组可得

$$x_2=\frac{7206360}{4657}t, \quad y_2=\frac{4893246}{4657}t$$

$$z_2=\frac{3515820}{4657}t, \quad t_2=\frac{5439213}{4657}t$$

与前面相同的道理,可令$t=4657\tau$(τ为正整数)。于是各种牛的数目为

$x_1=10366482\tau$,$y_1=7460514\tau$,$z_1=7358060\tau$

$t_1=4149387\tau$;

$x_2=7206360\tau$,$y_2=4893246\tau$,$z_2=3515820\tau$

$t_2=5439213\tau$;$\tau=1,2,3\cdots\cdots$

这样,即使令$\tau=1$,太阳神也有50389082头牛。小小的西西里岛上要容纳这么多的牛,那可真得靠太阳神的神力了。

不定方程组

💡思考空间

阿波罗的牛群问题还有其他解法吗?

13.数学家的年龄

　　许多数学家实际上都是很幽默的,不光阿基米德喜欢考考别人,别的数学家好像也有这个癖好,有的甚至在特别庄严的场合里也不忘幽默一把。还有的临终时也不忘考考别人,干脆把题刻到了墓碑上。

　　控制论的奠基人诺伯特·维纳是20世纪最伟大的数学家之一。他智力超群,14岁时就已大学毕业,18岁便获得了美国哈佛大学的博士学位。在博士学位授予仪式上,执行主席见他一脸的稚气,便好奇地问他的年龄,谁知他语出惊人。

　　维纳认真地说:"我今年岁数的立方是四位数,它的四次方是六位数。有趣的是它们正好把从0到9的自然数全都用上了,而且没有重复。这意味着全体数字都向我致敬,预示着我未来在数学领域中做出一番大事业。"

　　题倒是不难,可是这样回答问题确实是别出心裁,而且在博士学位授予的仪式上也是开天辟地第一回。于是满座皆惊,人们都在猜想他到底多大岁数,已经无人关心仪式的进行了。

　　读者朋友,维纳当时的年龄是18岁,这在前面已经告诉大家了。怎么算出来的,你自己试试吧,真的一点也不难,不过要看你的算法是否最简单了。

　　还有一位让人猜年龄的数学家就是刁番都。他的出生地点不详,出生年代也只能推测是在公元前250年到公元前150年之间。不过他也是个有名的数学家,著有《算术》,共13卷。他的强项是用解析方法论证代数数论。

　　刁番都的那个年龄问题刻在了他的墓碑上,内容如下:

刁番都一生的 $\frac{1}{6}$ 为儿童期，$\frac{1}{12}$ 为青年期，$\frac{1}{7}$ 为未婚期。结婚后5年有了个儿子，不过儿子先于父亲5年死去，那时儿子的年龄是父亲年龄的一半。

问刁番都享年多少岁？

设刁番都去世时年龄为 x 岁，可以列一个一元一次方程。

刁番都的儿童期、青年期、未婚期的时间分别为 $\frac{1}{6}x$、$\frac{1}{12}x$、$\frac{1}{7}x$。

结婚5年有了儿子，那时儿子应该算1岁，这样，相差为4岁。所以有方程：

$$\frac{1}{6}x+\frac{1}{12}x+\frac{1}{7}x+4+\frac{1}{2}x+5=x。$$

可求得 $x=84$。

刁番都还是蛮高寿的。

当然也有人说刻这个墓碑不是刁番都本人的意思，也有人说是遵照他的遗嘱刻的。不管怎么样，这样的墓碑只有数学家才配拥有。

类似的有趣的数学问题在古代数学中有很多，统称为"古典问题"。有兴趣的话，你们可以到图书馆找找看。

 一元一次方程

💡 **思考空间** 大家算一算维纳获取博士学位时的年龄吧！

14.最严谨和最直观的证明

如果问你能用直尺作出 $\sqrt{2}$ 吗？你一定会回答：能。因为只要知道勾股定理就行了。在直角三角形中，两条直角边的平方和与斜边的平方相等，这就是勾股定理，表示为

$$a^2+b^2=c^2$$

其中 a、b 为直角边、c 为斜边。

现在你在坐标纸上作出一个等边直角三角形，两条直角边都为1个单位，那么斜边就是 $\sqrt{2}$ 个单位了，它一定近似地等于直角边的1.41倍（如果该作图能精确到小数点后两位的话）。

在古代，希腊人特别喜欢几何图形，因为他们的数学是从几何开始的。几何学与生产生活的关系的确是太密切了，所以，即使是数量他们也喜欢用图形来表示，就像我们上面说的例子那样。不过他们作图用的尺都是没有刻度的直尺。他们喜欢只凭圆规和直尺作图，甚至是证明。他们认为只有这样才符合逻辑推理的要求，才是最严谨的。他们不喜欢用刻度尺去度量，那只是近似的。

譬如平方，他们用正方形的面积来表示，立方则是正方体的体积。

下面是几个数学关系式，看看是怎么用作图表示的：

$(a+b)^2=a^2+2ab+b^2$

$(a-b)^2=a^2-2ab+b^2$

$=a^2-b(a-b)-(a-b)\cdot b-b^2$

$$a^2-b^2=(a+b)(a-b)$$
$$=a(a-b)+b(a-b)\ (a>b)$$

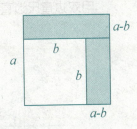

$$(a+b)^2=a^2+2ab+b^2$$
$$=(a-b)^2+4ab$$

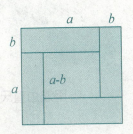

勾股定理证明

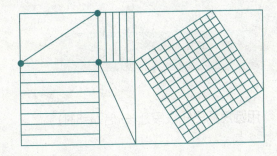

用双边直尺平分角

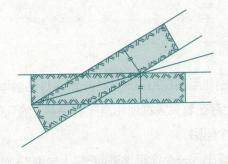

用双边直尺过直线上一点作该直线的垂线

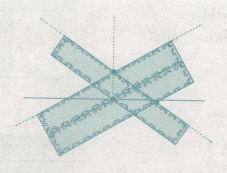

用双边直尺把已知线段平分

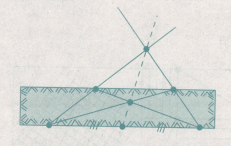

用圆规把已知线段延长n倍 (n=8时)

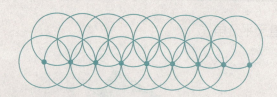

由以上例子我们看出利用圆规和直尺的确能解决许多数学问题。然而这不是万能的,事实上存在着只凭圆规和直尺解决不了的几何问题。数学家们自己给自己挖了个陷阱。

公元前5世纪,雅典城出了一个诡辩学派叫"智人学派"。以希比阿斯、安提丰等数学家为首的诡辩学派成员向数学界提出了仅用圆规和无刻度的直尺解决的三个问题。它们是：

(1)化圆为方的问题

作一个正方形,使其面积与已知圆的面积相等。

(2)倍立方问题

作一个立方体,使其体积是已知立方体体积的2倍。

(3)三等分角问题

三等分任意角。

这三个貌似初等几何作图的问题,在两千多年的时间里,使全世界数不清的人为其投入了大量的精力,最终没人能完成其中任何一个。直到19世纪初,才有人严格地证明了这三道作图题实际上用圆规和直尺是不能完成的。而证明其不可能性的方法竟然是代数的,而不是几何的方法。可见,问题的提出有时可能很容易,可是解决它们往往需要一个很长的过程和时间,需要科学发展到某一水平才行,而且解决的方法可能是跨学科的。

对于这三个作图问题的另一点启发是研究问题常常可以用逆向思维,不要一条道跑到黑。经历了那么长时间的拼搏还毫无头绪,要不要停下来想想为什么？想想到底是你错了还是问题一提出来就错了,若还要一头扎下去,岂不有点太盲目、太死心眼了？著名科学家伽利略说过,他之所以取得那么多成就,就是他敢于怀疑权威做出的结论。

课堂对对碰

尺规作图

💡思考空间

试着自己动手做一做那三个无法用尺规解决的问题。

15.皇帝和总统数学家

在数学家的队伍里,皇帝和总统确实少见,拿破仑·波拿巴就是一个。

拿破仑毕业于法国炮兵学校,后成了职业的炮兵军官。公元1804年加冕成为"法兰西第一帝国"的皇帝,建立了资产阶级的军事专政。他是一位威名显赫、武功卓著的人物,可能是出身于炮兵学校的缘故,对几何和三角情有独钟。他称帝前与当时著名数学家拉普拉斯、拉格朗日等过往甚密,经常与他们讨论数学问题。以他名字命名的"拿破仑三角形"就是他的标志性作品。

"拿破仑三角形"的内容是这样的:

以任意给定的三角形的三个边为边向形外和形内分别做三个正三角形。形外的三个三角形的中心为顶点的三角形称为拿破仑外三角形;形内的三个三角形的中心为顶点的三角形称为拿破仑内三角形。则:

拿破仑外三角形与拿破仑内三角形都是正三角形。

先证明拿破仑外三角形是正三角形。

如图,已知$\triangle ABC$,所作三个正三角形分别为$\triangle BCA'$、$\triangle CAB'$、$\triangle ABC'$,三者外心依次记作O_1,O_2,O_3。三个正三角形的外接圆共点于P。$\angle APB=\angle BPC=\angle CPA=120°$。

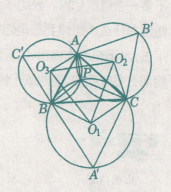

另有连心线O_2O_3垂直于两圆公共弦AP,则有$\angle O_1O_2O_3=180°-120°=60°$。同理,$\angle O_2O_3O_1=\angle O_3O_1O_2=60°$。证毕。

该法据说是拿破仑当年所作。

拿破仑内三角形为正三角形的证明,有兴趣的读者不妨尝试自己证一证。

除拿破仑这个皇帝外,历史上还有两位总统对数学也很有造诣,他们是美国第20届总统詹姆斯·加菲尔德和著名的法国总统戴高乐。

加菲尔德对勾股定理做出了一个十分巧妙的证明,并在波士顿的《新英格兰教育》杂志上发表。我们现在看看他的证明:

△ABC是直角三角形,∠C是直角。如图,作$BE⊥AB$,取$BE=AB$,延长CB至D,使$BD=AC$,连接ED,则$ACDE$是直角梯形,其面积是

$$\frac{1}{2}CD(AC+ED)=\frac{1}{2}(a+b)^2$$

又因为此梯形面积为△ABC、△ABE、△BDE面积之和。

即为$S_{ABC}+S_{ABE}+S_{BDE}=\frac{1}{2}c^2+ab=\frac{1}{2}(a+b)^2$

由此解得$c^2=a^2+b^2$,证毕。

二战时期反法西斯英雄,法国第五共和国总统戴高乐的墓前只有一块小小的墓碑,正面刻着"戴高乐之墓",背面是一个洛林十字架的造型。洛林原是法国领土,普法战争中法国失败而割让给了普鲁士。戴高乐对此念念不忘,生前总是佩带一枚洛林十字架。

洛林十字架是由13块1×1的小正方形构成,戴高乐的问题是用圆规和直尺过A点作一直线把十字架等分(划分成面积相等的两个部分)。

戴高乐的作法是:连接BM,与AD相交于F点,以F为圆心,FD为半径作弧,该弧与BF交于G点。再以B为圆心、BG为半径作弧,该弧与BD交于C点。连接CA并延长与十字架边界交于N点,CAN即为所求。

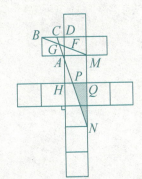

对于戴高乐的作法,读者可以试着证明一下。现提示如下:

由于△$ACD≌△AHP$,所以直线CAN右侧的面积是6个小正方形与△PQN面积之和。十字架

总共为13个方块，那么，若△PQN的面积等于$\frac{1}{2}$，则CAN平分洛林十字架。

事实上，$\frac{\triangle ACD\text{的面积}}{\triangle PQN\text{的面积}}=\left(\frac{CD}{1-CD}\right)^2$ (1)

又$CD=1-BC=1-BG$，$BG=BF-\frac{1}{2}$，则

$$BF=\sqrt{1+\left(\frac{1}{2}\right)^2}=\frac{\sqrt{5}}{2}, \quad BG=\frac{\sqrt{5}}{2}-\frac{1}{2}=\frac{\sqrt{5}-1}{2},$$

$$CD=1-\frac{\sqrt{5}-1}{2}=\frac{3-\sqrt{5}}{2}, \quad \text{代入 (1) 式得}$$

$$\triangle PQN\text{的面积}=\frac{(1-CD)^2}{2CD}=\frac{1}{2}。$$

正三角形

💡思考空间

怎样证明拿破仑内三角形为正三角形？

16.高斯的墓碑

现在要向你介绍的是一位真正的数学皇帝，他被誉为最伟大的数学家，这个人就是高斯。

有这样一个故事。一次，著名探险家洪堡问当时法国著名数学家拉普拉斯："德国最伟大的数学家是谁？"拉普拉斯说："是普法。"

探险家很失望，他以为拉普拉斯一定会说是高斯，可是他没说。于是探险家洪堡又启发式地问："你认为高斯怎么样？"谁知拉普拉斯答道："高斯是世界上最伟大的数学家。"

高斯，1777年生于德国不伦瑞克。他的出身一点也算不上高贵，上溯几代也找不到半点儿贵族血统。他的爷爷是个地道的农民，后来做了园丁。他的母亲也是个很普通的人，而且性情粗暴，对孩子的教育一点也不关心。

高斯很小就表现出对数学的非凡天赋。他3岁时就纠正了父亲们工资表上的错误，10岁时的计算能力就让老师大吃一惊，相传他的老师比特纳在课堂上给学生出了一道自以为得算好半天的难题：让学生求1到100相加的和。谁知他话音刚落，高斯就已经算出来了，是5050。

没人教他，他自己就知道使用等差级数的对称性：

1+2+······+99+100

100+99+······+2+1

把这两行数字上下两项相加都是101，共有100对，因此：$100 \times 101 \div 2 = 5050$。

比特纳被这个学生的数学天赋震惊了，他下决心要好好培养这位难得的弟子，甚至自己花钱买书送给高斯。在老师的帮助下，高斯幸运地走

五光十色的数学

上了继续求学的道路。后来他进了卡罗林学院,在这里他发现并证明了二次互反定律,这是他对数学界做出的第一个重要贡献。公元1795年,高斯从卡罗林学院毕业,进入了哥廷根大学。不久后他发现了"最小二乘法",这是一个非常重要的发现。如果在今天获得数学的菲尔茨奖是当之无愧的(在著名的诺贝尔奖项中没有数学奖,数学界最高的奖项是菲尔茨奖。该奖每4年才授一次,而且只授予40岁以下的数学家。因此,在某种程度上说菲尔茨奖比诺贝尔奖更难得到)。

高斯多才多艺,他对古典语言和哲学也有浓厚的兴趣,而且有很深的造诣。在发现了"最小二乘法"之后,他还在犹豫到底要选择哪个学科作为自己的专业。

公元1796年3月30日,是高斯人生重要的一天,也是数学史上极为重要的一天。这一天高斯实现了只用圆规和直尺就能作出正十七边形。这是人们能用圆规和直尺作出的边数最多的正多边形,比伟大的阿基米德还进了一步。这件事鼓励了高斯,他决心专心从事数学研究。

作为数学皇帝,高斯在数学上的成就无疑是巨大的。除了前面提到过的"最小二乘法"和用尺规作正十七边形的方法之外,他还证明了代数的一个基本定理,即任何系数为复数的代数方程都有复数解。他还提出了所有复数都可以用平面上的点来表示,这就是"复平面",也被称为"高斯平面"。他还在平面向量与复数之间建立了一一对应关系,并使复数的几何加法与乘法成为可能,从而为向量代数学提供了基础。在数论上,他的著作《算术研究》,可以称得上是划时代的巨著。他对复变函数、椭圆函数等也有不小的贡献。他还是微分几何学的实际创立者。

高斯一生的研究成果很多,发表出来的只是它们中的一部分。这里面有两个方面的原因:一是他非常重视科学表达的严谨与精练,对一些经不起推敲的叙述和证明完全不能容忍,决心使自己的著作无懈可击。另一方面他才思泉涌,很多东西来不及写成详细的论文只好以"笔记"的形式扼要摘录,以至于后来的数学家们发现,他们辛苦研究的重要成果其实高斯早已发现,只是没有公布而已。这其中既包含椭圆函数的成果,也包含非欧几何的思想。数学家们对此深表遗憾,一致认为,如果他公布了自己的成果,那以后的数学历史将会改写。他身后的那些数学天才们将不会再重复他的工作,而把精力用到更新的发现中去。

有人估计,如果把他在科学上的每一项成果都以完满论文的形式写出来的话,那等于需要好几个高斯的终生时间。公元1898年,从高斯孙子家里发现了只有19页的高斯留下的笔记。数学史家评论说:"若高斯其他成果全不算,仅凭这本笔记,他也可以称为当代最伟大的数学家。"

高斯还是个著名的天文学家,这是和数学研究分不开的。他从30岁开始就一直担任哥廷根大学天文学教授兼天文台台长。他用最小二乘法计算出"谷神星"的轨道,并成功地用望远镜观察到了这颗很难追踪的神秘小行星。除了这些之外,高斯对物理学、地学、甚至电报的发明等也都做出过巨大贡献。公元1831年,高斯与另一位科学家一起进行了电磁研究,提出了科学的电磁测量基本单位,这就是现在一直沿用的"高斯"。

高斯还发明了电报。他和物理学家韦帕在天文台和物理实验室之间架起了电线,并在终端安装了电磁铁和铃铛,这就是一架简单的电报机。不过他的发明并没有得到社会应有的承认。电报的发明权被美国人莫尔斯拿到了。不过高斯并不在乎这一些,可能是他的成果的确太多了,也可能他始终就是一个谦虚的人。

五光十色的数学

公元1855年2月23日,高斯在睡梦中安详辞世,享年77岁。他安葬在哥廷根圣阿尔理斯公共墓地。在他的墓碑上刻着一个正十七边形的美丽图案,这正是数学之王高斯在他的代表作《算术研究》中解决的用尺规对圆周十七等分的难题。

等差级数　最小二乘法

💡思考空间

你能试着用尺规将圆周十七等分吗?

17.几何的老祖宗

问起几何学是谁创立的,好多人都会回答是欧几里得。这个答案其实对也不对。应该说在欧几里得之前就已经有了几何学,不过是零散的,没有经过系统的整理,而且究竟有哪些几何学家已经无从考证。欧几里得是集大成者,他把它们以科学的方式整合成一个严谨的体系,撰写出了《几何原本》。欧几里得开辟了严密逻辑证明的先河,他在自己的著作中示范了一切数学命题的证明必须从定义和公理出发引用已有的定理或公式,正确地应用逻辑规则来推理。他的《几何原本》就是这种数学美的典范。两千多年以来,它一直是人类智慧的结晶,是每位科学家必修的课本,是至今世界各国中学数学教材的主要内容。

《几何原本》的原作已经失传,有的只是它的翻译本和修订本。它们早期也都是手抄本,直至公元1482年才在意大利的威尼斯出版了印刷本,至今已有各种文字的一千多种版本。它被称为数学的圣经,因为它的印数可以和世界上印数最多的书——《圣经》相媲美。

欧几里得生于公元前330年希腊的亚历山大城,受教于柏拉图学派并组建了欧几里得学派。他与阿基米德、阿波罗尼奥斯共称为希腊三大数学领袖,是古老的希腊数学成就的巅峰。他为人严谨,具有献身科学的精神。相传埃及国王托勒密师从欧几里得学习几何,但由于几何学问过深,他学得不耐烦,便问欧几里得,学几何有没有简便一点的方法呢?欧几里得回答说:"陛下,世上会有国王与平民道路的分别。可是,在几何学里

"陛下,几何里没有专为国王铺设的道路。"

却没有专为国王铺设的道路。"还有一次，一个人来向欧几里得求学。他问："学习几何会得到什么？"欧几里得立即对仆人说："给他三个铜板，请他走人！"

这些故事都说明了欧几里得的踏实和正直。

欧几里得几何中有五个公理，这是它的基础。你知道什么是公理吗？它们是怎么得出来的呢？

这五条公理是：

1. 假定从任意一点到任意一点可作一条直线。

2. 一条有限直线可以不断延长。

3. 以任意中心和直径可以画圆。

4. 凡直角都相等。

5. 若一条直线落在两直线上所构成的同旁内角之和小于两直角之和，那么把两直线无限延长，它们将在同旁内角和小于两直角和的一侧相交。

欧几里得几何五大公理

💡思考空间

欧几里得的几何是最完美的几何学吗？还有没有和它不一样的几何学呢？

18.有另外一种几何吗

欧几里得第五公理的文字表述和内容都艰涩复杂、不易理解。于是数学家们换了个角度,把它表述为:过直线外一点能作而且只能作一条直线与它平行。可是尽管如此,欧几里得的第五公理,从它提出以来还是有不少人怀疑它是多余的,试图用前面四条公理来导出它。两千多年来,很难找出哪个大数学家没有试图推导过第五公理,但谁也没有成功。这时终于有了三位敢于逆向思维的人,那就是大名鼎鼎的高斯、几乎是自学成才的鲍耶和罗巴切夫斯基。他们认为欧几里得第五公理是独立于前四条公理之外的一条公理,是一条只能接受而无需证明的真理。那么,既然我们可以承认这条公理而创建了一种几何——欧几里得几何,那为什么不可以否定这条公理,从而建立一个新的几何学呢?罗巴切夫斯基大胆地从几何中删去了第五公理,用"存在内角之和小于 π 的三角形"来代替它,建立了被他称之为想象几何学的罗巴切夫斯基几何学。他之所以把这种几何称为想象几何,是因为在这种几何中推导出种种与传统的世俗观念和直观感觉相反的定理。当时,人们还以为那些结果只是可以自圆其说的一种逻辑结构,而毫无利用价值。现在的科学事实已经证明这些都是存在的。

在罗巴切夫斯基几何中最具有标志性的两点是:

1. 过直线外一点至少可以作两条直线与它平行 (而欧几里得几何认为只能作一条);

2. 三角形三内角之和小于180° (而欧几里得几何是三角形三内角之和等于180°)。

高斯和鲍耶也发现了这种几何学,可是高斯是个谨慎出了名的数学家,不知是不想为此引起轩然大波还是什么其他原因,反正是没有公布自己研究的结果,他因此失去了非欧几何的发明权。至于鲍耶,他非师出名门,只是从他父亲那里学过数学,其余都靠自学了。他的证明要比罗巴切夫斯基繁琐、难懂得多，因此人们大多只记住了罗巴切夫斯基。其实公平地说，这种几何应该叫做罗巴切夫斯基——鲍耶几何，有的地方也正是这样叫的。

罗巴切夫斯基生于俄国诺夫哥罗德的一个土地测量员家庭，1807年，年仅15岁的他入喀山大学学习，毕业后留校任教。1822年任教授，1827年始任该大学校长。罗巴切夫斯基思想开放，有创新精神和独立思考的习惯。他反保守反传统，敢于向不合理的事物挑战，是一位具有革命性的伟大的数学家。

公元1826年2月11日，罗巴切夫斯基在喀山大学数学物理系宣读了他的开创性论文《关于几何原理的议论》，提出了罗巴切夫斯基公理，这一天就是非欧几何的诞生日。

罗巴切夫斯基几何诞生后的几十年间，人们一直对它很难理解，甚至称他的几何为"笑话"、"是对有学问的数学家的讽刺"。但是科学界的不公正评价并未动摇罗巴切夫斯基对新几何的信念。高斯在1846年写给朋友的信中也说："罗巴切夫斯基是作为专家以真正的几何精神来解释世界。我劝你们把注意力转向他的名著《关于平行线理论的几何研究》，研读它，一定会使你感到很大的满足。"

罗巴切夫斯基被誉为是数学领域中的哥白尼。他的几何学与微积分的发明被认为是数学史上最具开创性的两件大事。

罗巴切夫斯基的理论成功地否认了欧几里得几何是惟一可能的空间形式的观点，为后来解决相对论中的数学难题以及在天体物理和原子物理中的问题，提供了不可或缺的帮助。

罗巴切夫斯基向欧几里得几何狠狠地砍了一板斧，而这一斧正是砍在致命的"条件"上。

18.有另外一种几何吗

我们回过头来再看看欧几里得的第五公理:"过直线外一点能作而且只能作一条直线与它平行"。那么,如果我们过该点作一条直线与那条已知直线只成一个无穷小的角呢?结果会怎么样?

如图,过A点作直线PQ与直线MN成角δ,δ是无穷小的角。

那么,PQ与MN只有延伸到无穷远处才能相交。而你如何知道它们在无穷远处的行为?

欧几里得几何的公理是建立在对有限空间中事物的观察基础上的,它不适合于在无限空间中的行为。如果在无穷远处有直线PQ与直线MN不相交,那么,它们就是一组平行线。这样无穷小的角δ可以作多少个呢?回答是无数个。因此,过直线外一点可以作无数条直线与它平行,这就是罗巴切夫斯基几何的结论。

罗巴切夫斯基几何

💡思考空间

罗巴切夫斯基几何与欧几里得几何的区别在哪里?

19.空间是弯曲的

18世纪中期又出现了另一派非欧几里得几何学,是一位叫黎曼的数学家发现的。黎曼是德国人,1826年生于汉诺威的布列斯伦茨。这位只活了不到40岁的人一生对数学的贡献极大。

黎曼几何的出发点也是从否定欧几里得几何第五公理开始的。罗巴切夫斯基几何认为,过直线外一点至少可以作两条直线与其平行。而黎曼几何则认为一条也作不成。换言之,就是在同一平面上,任何两条直线一定相交。或者还可以说成:世界上并不存在无限延伸的直线,任何直线都是有限的。

其实,黎曼几何与罗巴切夫斯基几何一样,它们同欧几里得几何产生差异的根本原因仍在于"条件"——或者说是前提:欧几里得是在有限的空间内研究问题,其结果自然与我们日常所见相等。而黎曼和罗巴切夫斯基的非欧几何是放在更广阔的背景下来研究问题。前提条件不同,结论自然会有不同。

欧几里得说直线可以无限延长,那是在有限空间内观察的结果。不要说是在无限空间里,就是放到整个地球的范围里头考虑,这个结果就不正确了:地球是一个圆球,在它上面画出的直线,实际上并非直线而是曲线,只是在我们肉

眼所见的范围内,它酷似一条直线而已。

黎曼几何学最具标志性的两个内容就是:

1. 在同一平面上的两条直线一定会相交;

2. 三角形三内角之和大于180°。

这两条都恰与罗巴切夫斯基的几何相反。

事实上,两条直线平行那是在人眼视力可及的有限空间内观察到的事实,也就是欧几里得几何公理存在的条件(或范围)。那么在无限远处的行为呢?我们在初学几何的时候总是用一束光线来比喻直线,用孔隙透过的两束光线来比喻平行线,而这两束光线实际上都是从太阳发出来的,也就是说这两条线实际上在太阳那里就相交了。

罗巴切夫斯基几何中的三角形可以想象是在号筒上作的三角形(三内角的和小于180°);黎曼几何中的三角形可以想象是在球体上作的三角形,是一个"球面三角形"(三内角之和自然大于180°)。

三种几何是什么关系呢?黎曼进一步设想出了一种几何学,或者我们可以称它为统一几何学(就像物理学中的统一场论一样),它可以包含这三种几何。随着某种条件的变化,可以在这几种几何中变来变去。就像"道路"一样,有平坦的,还有高低不平的地方。它们统一地都可以用"曲率"来衡量。黎曼几何里也引入了这样的量。这样统一的空间被称做是黎曼空间。看得出黎曼空间比我们平常所说的空间内涵要丰富得多。我们平常所说的空间只是它的一种特殊形式，它的曲率为0，这也就是欧几里得空间。与之相对，罗巴切夫斯基几何中的空间曲率为负，而黎曼几何学的空间曲率为正。

曲率说明了什么呢？它说明了空间不是纯粹的平面，也不是直线，它是可以弯曲的：有自己的曲率，即弯曲的比率或说是程度。

空间的弯曲后来被爱因斯坦证实了。他指出，一个物体，例如太阳或者行星，能影响周围时间与空间的特性，使空间弯曲。这种弯曲已被科学观测所证实，就是有名的广义相对论的验证之一。有意思的是，爱因斯坦在描述弯曲空间时使用的工具恰恰就是黎曼几何。

空间的弯曲可以形象地表示。如右图所示，在一块弹性很好的橡胶板上放上几只沉重的铁球，在铁球的周围橡胶平面就会弯曲。它可以比喻是球引力所造成的空间弯曲。

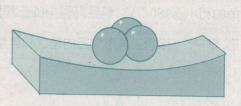

黎曼几何

💡思考空间

试着将重物放在橡胶板上，观察橡胶平面的弯曲程度。

20.完美正方形与几何佯谬

公元1926年，前苏联数学家鲁金提出了一个趣味的几何问题，即正方形分割的问题。

它的具体内容是这样的：能否把一个正方形分割成一些彼此互不相同的更小的正方形？或者说，能否用一些大小各不相同的小正方形拼成一个较大的正方形，而且这些小正方形之间没有一个相重叠？

这个问题看起来挺简单的，但关键是分成的那些小正方形是大小彼此互不相同的。如果是相同的那当然很容易。譬如，把边长为9的正方形，横着竖着各割两刀就分成了9块边长为3的小正方形。可是边长不同那就不一样了，别说要求是大小彼此互不相同，就是有一块小正方形与其他的不同都很难办，不信你就试试看。解决这个问题其实涉及一些高深的数学知识，以至于后来一些数学家通过对这个问题的研究都成了组合数学和图论方面的专家。他们的研究成果在各个领域发挥了重大的作用。

正因为这个问题很难，所以虽然很多人有兴趣，可是提出来好多年也没有人做得出来。直到1938年，四位英国剑桥的大学生通过长时间的研究才找到了一个由69个大小不同的正方形组成的大正方形，人们称为69阶的正方形。这样的正方形便称为完美正方形。

从此人们不再怀疑这样的正方形是否存在了。而接下来的问题就是：最少需要找几个大小各不相同的正方形才能组成完美正方形呢？

就在剑桥大学生找到69阶完美正方形的第二年，有人找到了39阶完美正方形。同一年，剑桥大学生又找到了一个由28个不同小正方形组成的完美正方形。1948年有人造出了由24个小正方形组成的完美正方形，边长是175个单位。迄今为止，已经有2000多个24阶的完美正方形了。看来，不仅完美正方形的问题不是惟一解,就是同一阶的完美正方形问题也不是惟一解。

在找到24阶完美正方形后的许多年里再没找到阶数更小的完美正方形了。那么,这是不是阶数最小的完美正方形呢?后来,提出完美正方形猜想的前苏联数学家鲁金证明了小于21阶的完美正方形是不存在的。也就是说,要组成完美正方形至少需要20个以上的小正方形才行。

1978年,荷兰一位数学家设计了一个复杂而巧妙的程序,借助于计算机找到了由最少数目的正方形组成的完美正方形。这些小正方形的边长分别为2、4、6、7、8、9、11、15、16、17、18、19、24、25、27、29、33、35、37、42、50组成这个21阶完美正方形的边长是112,如图所示。

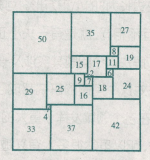

完美正方形虽然是一个有趣的数学题目,甚至在某种程度上也可以看成是数学游戏,但对于它的研究却带来了许多有意义的工作。首先,21阶完美正方形的发现和证明都是借助于计算机完成的,而导出这些结果的初等证明是很有意义的事情。其次,21阶完美正方形是找出来了,可是22阶完美正方形却没有发现,那它究竟存不存在呢?导出它和证明它又会使你们发现什么呢?

几何中有许多有趣的东西。看看下面的命题和证明,明知是错误的,可它们究竟错在哪里?你能找出来吗?

(1)任何三角形都是等腰三角形

证明:如图,△ABC为任意三角形。作∠C平分线与AB上的垂直平分线
相交于D。作DE⊥AC,DF⊥BC,则

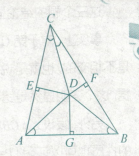

△ADG≌△BDG,AD=BD,∠DAG=∠DBG

△ADE≌△BDF,则∠EAD=∠FBD

故∠EAD+∠DAG=∠FBD+∠DBG

也就是∠CAB=∠CBA。

∴△ABC为等腰三角形。

由△ABC的任意性,故任意三角形为等腰三角形。

(2)直角与钝角相等

设ABCD为任意一矩形,过B点作BE=BC(如图)。分别作AB与DE的垂直
平分线。由于这两条直线不平行,因此,它们必相交于一点P。连接AP、DP、
EP、BP,则

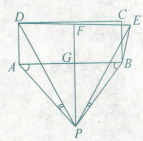

AP=BP,DP=EP,又AD=BE,所以

△ADP≌△BEP,∠DAP=∠EBP,又

△APB为等腰三角形,∠BAP=∠ABP

故有∠DAP−∠BAP=∠EBP−∠ABP

即∠DAB=∠EBA

直角=钝角

(3)过直线外一点可作该直线的两条
垂线

证明:如图作两圆交于AB两点,作直
径AM与AN,连线MN与两圆分别相交于

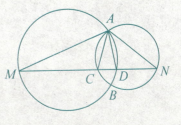

C、D，于是∠ADM=∠ACN=90°，则
AC、AD均为MN的垂线。

这三个题的结论显然都是错误的，可是错在哪？你能找出来吗？

事实上，对于第(1)题，∠ACB的平分线与AB的垂直平分线在三角形内是不相交的，也就是说D点是不存在的。把一个不存在的东西作为证明的依据，这个证明显然是错误的。你画一个正确的图就可以看出来了。

另外，假设∠ACB的平分线与AB相交于P，那么你利用三角形角平分线的性质也可以证明$AP\ne BP$。P点是落在AB的垂直平分线的垂足的靠近三角形长边的那一侧。因此AB的垂直平分线与∠ACB的平分线是没有交点的。

第(2)题也是没有正确作图的缘故。事实上PE应该在PB的右侧。至于第(3)题，更是一个想当然的作图引起的错误。事实上，既然AM、AN为直径，那么MN必过B点，也就是MBN三点共线。

由以上可见，正确作图对于几何证题和计算来说都是十分重要的。

完美正方形

思考空间

直角怎么会与钝角相等？你知道问题出在哪里吗？自己画图分析一下。

21.分形与计算机画家

你知道上面这些是哪个画家的作品吗？

它们是计算机画家的作品,也就是说这些都是计算机画的。计算机为什么能绘画呢？还是让我们从一种叫做"分形"的图形说起吧。

1967年,美国著名的《科学》杂志发表了一篇题为《英国的海岸线有多长？》的文章。文章的作者是法国数学家曼德尔布罗特。他在文中提出了这样的观点,即英国的海岸线的长度,根本不可能准确测量。

事实上这确实是一个新问题。海岸线从未被准确地测量过。我们在地图上看过的海岸线都是由光滑的曲线绘成的,实际上那是近似又近似了的,根本谈不上精确。我们在飞机上从高空俯瞰海岸线,看到的是一个非常复杂的情景:构成海岸的是大大小小的海湾、半岛。而半岛里还有更小的海湾与半岛……大的套小的很难数得清。这时我们来测量海岸线,不可能每一寸土地都量得到。我们用米或厘米做单位去测量,结果会很不一样。如果再用更小的单位测量下去,就又会得到一个新的结果。这种越来越精细的测量过程可以无限地继续下去。这就意味着相应的测量结果会无限地增长,也就是说,所谓海岸线的长度没有确切的数学定义。我们通常说的海岸线的长度只是近似的。

曼德尔布罗特用了一个词来形容英国海岸线的形状。这个词在汉语里可以被译成"分裂"、"碎化"和"分形"。我国数学界现在采用了"分形"这种译法。曼德尔布罗特以此为突破口,继续探索,最终创立了"分形几何"。

分形几何和我们熟悉的欧几里得几何很不相同。传统的欧几里得几何把研究对象都设想成一个个规则的几何图形。而现实世界是一个极其复杂的世界,多的是不规则和支离破碎的形状。分形几何则提供了描述这种不规则的复杂现象中的结构和秩序的新方法。确切些说:分形几何是研究无限复杂但具有一定意义下的自相似图形和结构的几何学,也就是研究不规则曲线的几何学。

那么,什么叫自相似呢?自相似就是一个事物自身的局部与整体,局部与局部的相似,类似于复制的情形。例如,大树与它自身的枝杈,大枝杈与小枝杈的形状相似;鸟的羽毛与组成这个羽毛的羽小枝的相似等。

瑞典有个数学家叫黑格尔·冯·柯克,他发现了一种几何图形,被称为"柯克曲线",可以作为曼德尔布罗特的海岸线问题的数学模型。因该曲线的形状酷似雪花,因而又被称为"雪花曲线"。

雪花是什么形状呢?有人说是六角形。其实这种回答并不准确。黑格尔·冯·柯尔给出了描述雪花的方法:画一个等边三角形,再把边长为这个三角形边长1/3的小等边三角形放在该三角形的三个边上,这样就形成了一个六角星(如图)。再将这个六角星的每个角上的小等边三角形按上述一样的方法变成一个个小六角星。如此一直重复下去就得到了雪花的形状。

你现在会发现:雪花的每一部分放大后都可以与它的整体一模一样,这就是自相似。

用分形的思想可以解释许多复杂的自然现象,如太阳系与原子内部结构的相似。生命的一个细胞包含了该生命的全部遗传基因,甚至可以"复制"为那个生命。还有,体积不及人体的5%的血管可以布满人体的每一小块组织。

分形的特点是看起来很复杂,但是很有规则,那就是部分与整体、部分与部分的自相似。这种规则非常重要,因为它可以用计算机程序来描述。这样,人们就将分形与电脑结合起来,设计出不同的程序,用电脑和计算机画出各种各样优美的图形。这就是新兴的艺术门类——计算机艺术。我们今天常用的一些绘图软件,很大程度上也是得益于分形的探索。

分形艺术作品

？思考空间

你能找到现实生活中的自相似图形吗?

22.地图、四色问题与莫比乌斯怪圈

在中学的地理课作业中有一种题叫做填"暗射地图",就是要求你用不同的颜色填满各个省,以便把它们区别开来。可是你有没有发现:完成这个作业你至少得需要几种颜色呢?同样的问题早在1852年就被英国刚刚毕业的大学生弗兰西斯·格思里注意到了。他在从事给地图着色工作时发现"每幅地图都可以只用四种颜色着色,使得有共同边界的国家着上不同的颜色。"这其实是个数学问题。如果把它用数学语言抽象出来就是"将某一平

面任意分割为若干互不重叠的区域,每一区域用1、2、3、4中的一个数字来标记,那么可以使任意两个相邻的区域不具备相同的数字。"问题是这个结论能不能从数学上加以严格地证明呢?

弗兰西斯把这个发现告诉了他正在大学读书的弟弟弗特里克·古特里。兄弟俩共同思索了好长时间也不得要领。于是,弟弟便求教于自己的老

师,一位著名的数学家。他也未能解决这个问题,便向另一名著名数学家请教,可是这位著名数学家直到逝世也没能够解决。1872年英国著名数学家凯利把这个问题冠以"四色猜想",正式向伦敦数学学会提出,从此"四色问题"便成了世界数学界关注的问题。许多一流的数学家纷纷投入了对它的证明工作之中。此后6年,先后有肯普和泰勒两名数学家宣布证明了四色问题,并提交了论文。可是11年后,肯普的证明被数学家赫伍德用精确的计算否定。泰勒的证明不久后也遭到了同样的命运。至此,人们开始认识到四色问题是一个可以与数学上著名猜想相媲美的大难题。

进入20世纪以后,数学家们对四色问题的研究仍在继续。1939年证明了22国以下的地图都可以用四种颜色着色;1950年证明了35国;1960年证明了39国;以后又推进到了50国。电子计算机出现以后,演算速度迅速提高,也加速了四色问题证明的步伐。

1976年,美国数学家阿佩尔与哈肯在两台每秒计算400万次的计算机上用了1200个小时,作了100亿次运算,最终完成了四色问题的证明,轰动了整个世界。因为它不仅解决了历时百年的数学难题,而且开创了"人机合作"的先河,有着非凡的意义。

和非欧几何的发现一样,有些规律并不是一个人发现的。事实上,早在1840年,四色问题就由德国数学家,也是天文学家莫比乌斯作为拓扑学问题提出来了,并成为拓扑学的难题之一。

我们现在回过头来再看地图着色问题。事实上这个问题与各个区域的大小和形状都没有什么关系,着眼点仅仅是它们的相对位置。如图所示,这三个图对于着色员来说是等价的。譬如说C,和它邻近的都是A和D;D,和它邻近的都是C、A、B、E。有一个新的几何学,叫做拓扑学,上面这种情况在拓扑学上是没有任何区别的。

 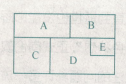 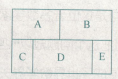

　　四色问题可以很好地说明拓扑学的性质：组成一张地图的国家的大小和形状并不重要，重要的是这些国家的布局（相对位置），即重要的是它们的拓扑性质而不是外表形状。

　　说到拓扑学我们还要谈谈催生它的数学家莫比乌斯和他的怪圈。

　　公元1858年，在法国巴黎科学协会举办的一次数学论文比赛上，德国数学家，也是天文学家奥古斯特·莫比乌斯论述他发现了一种特殊的曲面。它的奇异特性引起了大家的注意，成为数学珍品，这就是后来的以莫比乌斯命名的"莫比乌斯怪圈"。也就是这个怪圈后来成为拓扑学这个全新数学分支的萌芽。

　　其实莫比乌斯怪圈的制作很简单，只要把常规的圆圈稍加改动就可以制成了。

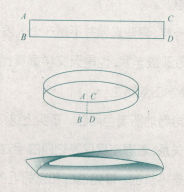

　　如图，$ABCD$是一长方形纸条，按常规方法把AB端与CD端黏合在一起（A与C重合，B与D重合）则形成一个普通的圆圈。而若把纸条的一端扭转

180°，然后再首尾相接（此时是 A 与 D 重合，B 与 C 重合），就形成了最下面的莫比乌斯怪圈。

这个圈为什么称之为怪圈呢？它有什么稀奇之处呢？

我们设想有一只蚂蚁在圈里面爬。对于中间那个一般的圈来说，它要想爬到圈外去则必须翻越圈的边缘或把圈穿个洞才行，否则怎么也过不去。可是对于莫比乌斯怪圈这就是轻而易举的事了。蚂蚁只要沿着圈的内壁向前爬就可以办到了，而无须翻越圈的边缘或将圈穿透。接下来，如果我们沿着圈的边缘方向将它一分为二，我们会惊奇地发现它并没有被剪成两个圈，而仍旧是一个圈。莫比乌斯怪圈还有一个重要的特点，就是无论你如何扭曲它、改变它的形状，上述的特性都不会改变。它的这个特性催生了一个全新的数学分支——拓扑学。

拓扑学也是一种几何学，但它跟通常意义上的几何学根本不同。它的着眼点不在大小、形状这些几何性质，而是研究图形的一类特殊性质，即所谓"拓扑性质"。这也是图形的一种很根本的性质，就像莫比乌斯怪圈与大小、形状、曲直都无关系。对于图形这样的性质就无法用普通的几何方法来处理，只能用一种新的几何学来描述，这就是"拓扑学"。由于拓扑学研究的对象形状可以任意改变，就像皮筋那样可以扭曲伸缩，因此，拓扑学也被形象地称作为"橡皮几何学"。

拓扑学是一门年轻而富有生命力的学科，是二十世纪以来发展最迅猛的学科，是一个十分重要的基础性的数学分支。它与许多学科领域都有着密切的联系。它的许多观念、理论和方法也在数学其他分支，甚至在其他学科中有着广泛的应用。令人震惊的是，在我们人类生命的基本构成中就隐藏着莫比乌斯怪圈的秘密：作为生物遗传的物质基础DNA（脱氧核糖核酸）的双螺旋分子结构就是莫比乌斯怪圈结构。

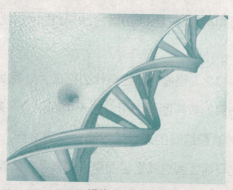

DNA双螺旋分子结构模型

　　在宏观世界里,莫比乌斯怪圈结构对人类也是大有启发的。装卸货物用的传递带只是磨损与货物接触的那一面。而一旦把它改为莫比乌斯怪圈的形状的话,那传送带的两面都会受力,它的使用寿命就会差不多延长一倍。不过这已经是美国一家公司的发明专利了。现在与计算机相配套的打印机被广泛地使用着,它的色带也是莫比乌斯怪圈的结构,也是出于同样的道理。

课堂对对碰

　　四色问题　莫比乌斯怪圈　拓扑学

💡思考空间

　　沿着莫比乌斯怪圈的边缘方向将它一分为二,它会变成一个正常的圈吗?

23.最具文学天赋的数学家

在这里我们要向大家介绍两位特殊的数学家,虽说他们在数学领域没有什么惊天动地的大事业,却也是两位数学怪才,他们就是诺贝尔文学奖的获得者罗素和每个中学生都知道的韦达。

先说说罗素。

罗素是位数学家,但他作为《哲学是什么》一书的作者和惟一的一位获得诺贝尔文学奖的科学家更为出名。有一段关于数学美的话就是他说的。这句话是"数学,如果你正确地看待它,则会发现它具有一种至高无上的美,一种冷色而严肃的美。这种美没有音乐或绘画那般华丽的装饰,它纯洁到了崇高的地步,达到了只有最伟大的艺术才能显示的那种完美的境界。"

> 数学,如果你正确地看待它,则会发现它具有一种至高无上的美,一种冷色而严肃的美。这种美没有音乐或绘画那般华丽的装饰,它纯洁到了崇高的地步,达到了只有最伟大的艺术才能显示的那种完美的境界。

伯特兰·罗素,英国人,1872年出生在蒙默思郡特雷克近郊的一个贵族家庭。祖父罗素伯爵是辉格党(自由党前身)著名政治家,在维多利亚女王时代曾两度任首相。罗素年幼时父母相继去世,他是在祖母的照料和教育下长大的。家庭的自由主义传统和祖母独立不羁的性格对他产生了巨大的影响。他自幼孤独,是大自然和书本把他从绝望中拯救出来,他酷爱数学,这成为他的主要兴趣。

1890年罗素考入剑桥大学三一学院学数学。大学前三年他专攻数学,第四年转攻哲学。1894年获道德哲学荣誉学士学位一级,毕业后曾游学德国学习经济,回国后,在伦敦大学政治和经济学院任讲师。

1903年他出版了《数学原理》一书,并以论文《几何学基础》获三一学院研究员职位,以后又在剑桥大学任教。1920年曾来华讲学,任北京大学客座教授,时间长达一年之久。其讲稿《罗素五大讲演》曾在中国出版。罗素回国后写了《中国的问题》一书,书中讨论了中国将在20世纪历史中发挥的作用。罗素一生兼有学者和社会活动家的双重身份。

1948年11月20日,在对威斯敏斯特学校学生的一篇讲演中,他令人震惊地提出,美国应该先发制人,用核武器摧毁苏联,因为这样会比苏联研制出核武器爆发核战争好得多。但是,此后他又改变了看法,认为核武器裁军是最好的办法,并从此致力于核裁军运动。

1954年4月,针对氢弹爆炸成功,罗素进一步意识到核武器可能给人类带来的灾难,于是发表了著名的《罗素——爱因斯坦宣言》。"号召全世界各政府公开宣布他们的目的不是发展成为世界大战,解决它们之间的任何争执应该采用和平手段。"这份宣言除爱因斯坦在临终前签了字之外,约里奥·居里、汤川秀树和李诺·鲍林等多位科学家都在上面签了字。

不要爆发世界大战

1950年,罗素因作品《哲学——数学——文学》获诺贝尔文学奖。

1961年,89岁高龄的罗素因参与一个核裁军的游行被拘禁7天。他反对越南战争,和著名的存在主义哲学家也是文学家的萨特一起于1967年5月成立了一个民间法庭(后被称为"罗素法庭"),揭露美国的战争罪行。

1970年2月2日罗素卒于梅里奥尼斯郡彭林德拉耶斯。

罗素是20世纪西方最著名和影响最大的学者和社会活动家。他学识渊博,通晓的学科之多是20世纪学者们少有的。他在哲学、数学、教育学、社会学、政治学等许多领域都有建树。他的哲学观点多变,以善于吸取别人见解、勇于指出自己的错误和弱点而著称。

现在谈谈中学生们只知其名不知其人的韦达。

提到他,大家自然想起著名的韦达定理:一元二次方程两根之积为常数项,两根之和为一次项系数的反号。即对于方程$x^2+ax+b=0$,如果x_1与x_2为它的两个根,则$x_1+x_2=-a$,$x_1x_2=b$。

例如:$x^2+5x+6=0$,则它的两个根为$x_1=-2$,$x_2=-3$。

利用韦达定理解某些一元二次方程的确非常方便。

以上我们说的是二次项系数为1的情形。如果二次项系数不为1,亦即对于方程$ax^2+bx+c=0$ $(a\neq1)$,则可以化成二次项为1的情形。

$$x^2+\frac{b}{a}x+\frac{c}{a}=0。$$

仍符合韦达定理,即两个根

$$x_1+x_2=\frac{-b}{a},\ x_1x_2=\frac{c}{a}。$$

我们在这里要介绍的不是韦达的这个定理,而是他在数学上的另一个贡献。

我们现在都知道,数学的问题可以用数学关系式来表达,即用字母和运算符号组成的算式,它很醒目,也很方便,如一元二次方程$ax^2+bx+c=0$。但是在没有发明运算符号,也没有采用字母表示算式的时候,情形就大不一样了,还是刚才那个一元二次方程,我们就得表述为:某数与一个未知数的平方之积加上另一个数与该未知数之积,再加上某个已知数,其总结果为零。

这也是一种表达方式,可惜太啰嗦了些,而且怎么运算呢?可是两千多年以前的欧几里得、阿基米德就是用这种形式表达命题的。到了数学家刁番都的时代情形有了些变化。这位刁番都就是我们前面介绍过的把年龄刻到墓碑上，让人猜谜的那一位。这一位发明了几个符号来代替文字。譬如，用Δ'来表示平方，用k'来表示立方。用这些符号再加上一些文字描述，虽然还是挺复杂，而且怪怪的，但看起来总是比以前简明了一些。

到了韦达的时代，情形才有了本质性的改观。韦达对数学的最大贡献就是提出了一种崭新的且行之有效的数学公式表达法。首先，他对已知量和未知量的表达方式做了统一：用辅音字母来表示已知量，用元音字母来表示未知量。例如用B、C等表示已知量，用A表示未知量。对于同一个问题中的同一个量他就用同一个字母来表示。但是他的代数式与我们今天的还有不同，他没有如开方、立方这样的符号。这些地方仍然靠文字描述。例如，他用"A平方"、"A立方"分别表示A^2和A^3。不过他的"平方"、"立方"当然不是汉字，而是拉丁语。

韦达的"革命"还是不彻底的，对于复杂的关系式表达起来也是非常麻烦的。例如$a^3+3a^2b+3ab^2+b^3=(a+b)^3$，按韦达的方式就得表达为$a$立方+$b$乘$a$平方乘3+$a$乘$b$平方乘3+$b$立方=$\overline{a+b}$立方。其中$\overline{a+b}$就是$(a+b)$的意思。

韦达的表示方法后来又经许多数学家的改进，终于成了今天的样子。在这些改进的数学家中，我们最熟悉的是笛卡尔。他用abc来表示已知数，用xyz来表示未知数，一直沿用至今。

韦达是法国人，生于1540年，卒于1603年。他的专业是律师，还曾担任过皇家顾问之职，是一名业余的数学家。他没有受过正规的数学教育。他的成就完全靠自己的天才和勤奋而获得。

课堂对对碰　　韦达定理　已知数　未知数

思考空间　你知道韦达定理应该怎样证明吗？动手试一试吧！

24.雷声大雨点稀的著名定理

前面我们说过,卡丹公式的原创者并不是卡丹。其实这种张冠李戴的事情在数学史上是不少的。这里说一个关于素数的定理,即以英国法官威尔逊冠名的威尔逊定理。它的内容是:

若p为素数,则p可整除$(p-1)!+1$;若p为合数,则p不能整除$(p-1)!+1$。

这里的$(p-1)!$称为$(p-1)$的阶乘。它表示从1到$(p-1)$的自然数的连乘积。例如$5!=5×4×3×2×1$。

素数也叫质数,是指除1和自身外,不能被其他整数整除的数。如1、3、5、11、13、17、19等。

上面说的威尔逊定理实际上是大数学家莱布尼兹首先发现,后经拉格朗日证明的。有一个叫沃润的人很想讨好威尔逊,就在他1770年出版的一本书中吹嘘说是威尔逊发现了这一定理。大约是莱布尼兹和拉格朗日的成果太多了,也没计较这件事,于是两百多年来,在数论的著作中都一直把这条定理称作威尔逊定理。

"说定理是我发现的,也许是吧,哈哈!"

威尔逊定理在理论上应用挺广。对于较大的素数p，我们虽然很难算出与它对应的$(p-1)!$的值，但却知道被p除的余数是-1或者$p-1$。由于$(p-1)!+1$能被p整除，则它可以表示为np（n是自然数），也就是$(p-1)!+1=np$，于是$(p-1)!=np-1=(n-1)p+(p-1)$。可见$(p-1)!$被p除的余数是-1或者$p-1$。

由于威尔逊定理内容的重要性和它冠名的戏剧性，它成了一个知名度很高的定理。有人开玩笑地说："哪个人如果不知道威尔逊定理，他就是白学了数学。"可是这条定理却有点盛名之下难副

其实，是一条雷声大雨点稀的定理，对于素数p不十分大的时候还好办，若p是个很大的素数，那$(p-1)!$是多少就不好弄清了。1876年，法国一位叫卢卡斯的数学家发现了一个39位的素数$p=2^{127}-1$，那么，$[(2^{127}-1)-1]!$是多少呢？要知道那个惊叹号可是表示"阶乘"啊！有人估计就是有朝一日有人算出来了，那也得2×10^{33}本500页厚的本子才能写得下！何况还有比$2^{127}-1$更大的素数呢！所以，威尔逊定理只有理论上的价值，在实际判别上并不太管用。

可是能否有效地判别出任意一个正整数是否是素数，不论在数论上还是在实际生活中都是很重要的。大家都知道的哥德巴赫猜想（每个大于4的偶数均可写成两个素数之和）就是一个关于素数的猜想。生于17世纪初的法国著名数学家费马也曾提出过一个猜想：

当$n=0$、1、2、3……时，$2^{2^n}+1$总是素数吗？

这个问题是费马在1640年给梅森的信中宣布的一个猜想。事情的起因

24.雷声大雨点稀的著名定理

还在于欧几里得。欧几里得在公元前300年已经证明了素数有无穷多个,但它们的分布究竟有什么规律还是个未解之谜。于是人们一直致力于寻求一个公式$f(n)$,使得当n取任意正整数时$f(n)$总能给出素数。为了纪念费马,人们记$F_n=2^{2^n}+1$,并称F_n为费马数。

我们很容易算出前几个费马数,也就是$n=0$、1、2、3、4、5的情景:

$F_0=3$,$F_1=5$,$F_2=17$,$F_3=257$,$F_4=65537$、$F_5=4294967297$

从F_0到F_4很容易判定它们都是素数。F_5是个四十多亿的大数,费马当年无力判定是否是素数。他大胆地推定了F_n都是素数。1732年,数学家欧拉特将F_5分解成了两个数的乘积:$F_5=641×6700417$,从而否定了费马关于费马数素数性的猜想。

1986年,有人用计算机连续运算了十天,算得F_{20}是合数。至此,迄今为止是素数的费马数还只有F_0、F_1、F_2、F_3、F_4。

在实用上,有时也会遇到对大合数的因子分解。例如在密码破译中,这种大合数往往就在百位以上。所以,迄今为止,人们依然期待找到这种素数分解的有效算法。可是能不能根本就不存在这种有效算法呢?

课堂对对碰

素数　合数　威尔逊定理　费马数

💡思考空间

你知道能被3整除,能被5整除,能被7整除的数都有什么特点吗?

25.使天文学家生命延长一倍的发明

中国古代有部数学著作叫做《九章算术》，据考证该书成书于东汉时期，作者不详。据说，我们前面谈到的那位发明"割圆术"求 π 值的刘徽曾为它作过注解。这本书共有九章，所以叫《九章算术》。

《九章算术》主要涉及农田测量、粮食交易、赋税和建筑等方面的数学问题，主要是地方官吏常用到的数学问题。可能是由于这些读者只需要结论不需要过程，所以《九章算术》对于它的246个问题只给出了答案，却没有对问题的证明方法。

《九章算术》中有个有趣的问题，涉及我们下面要讲的事情。这道算题叫做"两鼠穿墙"。

古代民宅的墙大多是泥做的，题目说是"有墙厚五尺。有两只老鼠从两面相对打洞。大鼠第一天穿一尺，小鼠第一天也穿一尺，以后是大鼠每天打洞是前一天的两倍；小鼠每天打洞是前一天的一半。问它们几天后胜利会师？两只老鼠各打洞多少？

这显然是个等比级数的问题。设需 x 天相遇，则根据等比级数求和公式：

大鼠共打洞长度为 $\dfrac{1(1-2^x)}{1-2}$，（2为公比）

小鼠共打洞长度为 $\dfrac{1\left[1-\left(\frac{1}{2}\right)^x\right]}{1-\frac{1}{2}}$，（$\frac{1}{2}$ 为公比）

依题意则有方程

$$\dfrac{1\left(1-2^x\right)}{1-2}+\dfrac{1\left(1-\dfrac{1}{2^x}\right)}{1-\dfrac{1}{2}}=5$$

引入中间变量 $y=2^x$，则有

$$y-1+2\left(1-\dfrac{1}{y}\right)=5$$

由一元二次方程求根公式得

$y_1=2+\sqrt{6}$，$y_2=2-\sqrt{6}<0$，不合题意，舍去。

则 $y=2+\sqrt{6}$，即 $2^x=2+\sqrt{6}$

我们不知道《九章算术》是怎么求解 $2^x=2+\sqrt{6}$ 的，肯定很难。可是用对数来解就非常容易了：两边取对数得 $x=\log_2(2+\sqrt{6})$

查一下以2为底的对数表就得出来了。

可见对数对于数学计算是大有裨益的,只可惜《九章算数》产生的时候还没有对数。对数向我国当时的数学家敲门,只是他们没有接待它。

对数与解析几何、微积分并称数学领域的三大发明。人们不仅发现了它的规律,也发明了许多应用方法。

提到对数,凡是读过中学的人都不应该陌生。它具有一个标准的形式: $\log_a b=c$,读作以 a 为底 b 的对数是 c。它其实是 $a^c=b$ 的另一种表达形式,是一种为了计算方便而创造出来的形式。例如 $10^2=100$,也可以写成 $\log_{10}100=2$,称做以10为底100的对数是2。由此可见,对数和指数的本质是一样的,只是表达形式不同,就像 $a+b=c$,也可以写成 $c-a=b$ 一样。

这个发明看似简单,可是它们带来的好处是没法形容的。它的最基本功能就是把复杂的乘除都变成了简单的加减,甚至把乘方开方也都变成了系数。

譬如算16×64吧,用对数就可以写成

$$\log_2(16×64)=\log_2 16+\log_2 64$$

$$\log_2^{16}=4\,(即\,2^4=16),\ \log_2^{64}=6\,(即\,2^6=64)$$

就是说 $\log_2^{16×64}=4+6=10$

那么16×64等于多少呢?只要查一查对数表,找到以2为底对数为10的那个数就行了,这个数是1024。

我们这里举了个数目不大的例子,不这样算当然可以。可是要是很大很大的数的运算呢?比如天文学上的运算。我们通常形容一个数字非常大都说它是"天文数字",可见天文数字的确很大。天文学家最头疼的就是运算。在没有计算机也没有对数的年代,天文学家的大部分时间都用在简单而又冗长的计算上了。对数发明后最大的受益者就是他们。难怪著名的数学家,也是天文学家的拉普拉斯说:"对数的发明使天文学家的寿命延长了一倍。"当然他是在说有了对数可以使天文学家节省大量的时间。

对数的发明能使天文学家
寿命延长一倍

当然,使用对数计算得编制一个对数表,这个大家都不会陌生。我们一般用的对数表都是以10为底的对数表,称为"常用对数表"。以10为底的对数简记为lg。lg$a$实际上就是$\log_{10}a$。

对数的发明者是内皮尔(也有译作耐普尔的)。他1550年出生于苏格兰爱丁堡附近的默奇斯顿城堡,是个地道的贵族老爷。他的父亲是这座城堡的第七代领主,舅父是一位主教。他13岁时就入圣安德鲁斯大学学习,但没有读完,22岁结婚,并成了默奇斯顿的第八代领主。他一生结过两次婚,生了12个孩子。不过对于他这样一个大地主来说,养活一大家人并不是困难事,因此他有很多的精力去做自己愿意做的事。他生在一个宗教纷争的时代,但很受英国教会的器重。出于对神的虔诚和对罗马教皇的愤恨,他写了一本叫《圣约翰启示录中一个平凡的发现》的书,试图说明教皇不是真正的基督徒。这本书在当时引起了非常大的反响,印刷了21版之多。内皮尔自认为这是他对人类做出的最大贡献。

他第一次结婚后不久就开始了数学研究,到四十岁的时候,他已经形成了自己独特的数学体系。1614年他出版了著作《神妙的对数规则之描述》,向世人公布了他的发明。由于显而易见的好处,他的发明迅速地得到了人们的认可和关注。时任伦敦格雷西姆大学教授、后为牛津大学教授的布里格斯还特地访问了内皮尔,向他致以敬意。

通过这次访问,内皮尔和布里格斯达成共识,他们把1的对数值定为0,把10的对数值定为1,其他数的对数值为10的适当次幂,这样制成的对数表更好用,这就是"常用对数"或称"布里格斯对数"的起因。

五光十色的数学

回到伦敦后,布里格斯致力于设计常用对数表。1624年,他出版了《对数算术》一书,收录了1~20 000和90 000~100 000的常用对数表,后来又完成了20 000~90 000之间的常用对数表。

除对数外,内皮尔对数学还有好多贡献。例如,他发现了能求解非直角三角形的公式,称为"内皮尔类推式"。他还发明了"内皮尔尺",像一根尺子,却能通过它进行乘除和开平方的运算。后人根据他的对数发明设计了一种计算尺,原理和内皮尔尺差不多,只要一抽一拉就能方便地进行运算,这在没有计算机和计算器的年代是非常适用的。在二十世纪五、六十年代,当时的工程技术人员和理工科大学生几乎人手一支。

1971年,尼加拉瓜发行了名为《世界上最重要的10个数学公式》的一套邮票,其中一枚就选定了内皮尔发明的对数。其余几枚则分别是算术的基本公式1+1=2、阿基米德杠杆公式、毕达哥拉斯定理、牛顿万有引力公式、麦克斯韦方程、玻尔兹曼的气体方程式、齐奥尔科夫斯基的火箭方程式、爱因斯坦的质能方程以及德布罗意的物质公式等。

内皮尔虽然算不上数学史上最伟大的人物,但他的发明确实给人类做出了巨大的贡献。

对数　常用对数表

💡**思考空间**

你知道"内皮尔类推式"是什么吗?

26.笛卡尔的三梦与一只苍蝇

数学史上有三项最伟大的发明,就是对数、解析几何和微积分。

解析几何对于读过高中的人来说肯定都不陌生。对于还没有读到高中的人,我说说你也基本能明白它的怎么回事儿。

大家都学过几何和代数吧,这两门课好像是很不同的东西,但你们想没想过它们都是数学,因此肯定应该有联系。那么,有没有什么办法把它们两个联系起来呢?这就是解析几何。

那么,这么重要的东西是谁发明的呢?

这个人就是大数学家笛卡尔。

笛卡尔也是位非常非常有名的大哲学家。他有一句名言叫"我思,故我在。"

笛卡尔1596年生于法国拉艾城的一个贵族家庭,但他的童年很不幸。母亲在生他的时候就难产死去了,新生儿的他瘦的很像老鼠。他自幼体弱,不得不躺在床上听课。这使他养成了一生都喜欢躺在床上看书、思考的坏习惯。

笛卡尔青少年时代学的不是数学,他毕业于巴黎普瓦捷大学、获法学博士学位,毕业后做过律师。笛卡尔在床上博览群书,涉及哲学、数学、神学、医学等各个领域。但他最喜欢研究的还是哲学和数学。他不喜欢欧几里得几何,认为它缺乏统一的方法和动感;也不喜欢代数,觉得它缺乏直观,他总想着把这两者嫁接起来,制造一个新的数学方式。

青年的笛卡尔并不安分。他去了巴黎五年,并没做什么正经的事情。五

五光十色的数学

年后他又心血来潮地进了军队,在军队里呆了四年。1619年,他参加的法国军队驻扎在多瑙河畔,一天夜里他做了三个连贯的怪梦:梦见他被狂风吹得站不稳;梦见他被狂风吹到一间大厦,大厅里一声霹雳,火花四溅;梦见了一本书,书上写着:"我将追求什么道路",而且他又捡到了一把奇特的钥匙。

笛卡尔醒来后认为这是要他沿着几何代数化的方向搞数学。据他个人讲,是这个梦明确了他的人生奋斗目标,使他决心创造一个"惊人的科学"和"伟大的发现"。这个"惊人的科学"、"伟大的发现"应该就是指解析几何。

也有人讲,笛卡尔躺在床上思索的时候,看见一只苍蝇在天花板下面飞来飞去。他忽然想到苍蝇运动的路线可以用它和墙壁间的位置来描述,于是便有了有关解析几何的灵感。

这个故事有点像牛顿看见苹果从树上掉下就发现了万有引力定律那样离奇。能是真的吗?也许这只是一个传说。

1621年,25岁的笛卡尔离开了军队后在欧洲到处浪游,多年以后才在荷兰安顿下来,而且一住就是二十年。这是他一生中最多产的时期,他的几本重要著作都是在这段时间写成的。

笛卡尔晚年得到了当时瑞典女王克里斯蒂娜的赏识。当时笛卡尔因为他的伟大发明在整个欧洲赢得了声誉,各阶层的人都很尊敬他。这其中也包括了以智慧和美貌著称的全欧洲最强大的国家——瑞典的女王。笛卡尔也很尊敬这位女王,曾献给她一部有关爱情问题的著作。他们先是通信,后来女王不满足这种笔谈的方式了,干脆邀请他去面谈。

笛卡尔深知自己的身体状况,不愿长途跋涉到寒冷的异国去生活,写

信婉言拒辞了。可是固执的女王坚持不懈,笛卡尔只好登上了女王派来接他的军舰。

到了瑞典以后,女王便请笛卡尔为她讲哲学。按她的要求每天早晨5点钟开始上课,这下可真的苦了每天中午才能从被窝里钻出来的笛卡尔。这样一天天地过去,笛卡尔本来虚弱的身体就更加虚弱了。

笛卡尔终于病倒了。1650年2月11日清晨风雪交加,使他倍感凄凉和沉重。笛卡尔抬头望了望不远处的王宫,试图从床上爬起来,但没有成功,他就这样悄悄地离开了人世。

笛卡尔一生只有一个女儿,但5岁就夭折了,因此他没有一个亲人。几个邻居草草地掩埋了这位对哲学和数学都做出过划时代贡献的世界伟人。17年以后,他的骨灰才被送回他的祖国法兰西,安葬在法国伟人墓地,1799年移入法国历史博物馆,1819年保存在圣日耳曼圣心堂。他的墓碑上铭刻着:

"笛卡尔,

欧洲文艺复兴以来,

为人类争取并保证理性权利的第一人。"

课堂对对碰

解析几何

💡思考空间

解析几何是怎样把几何与代数联系起来的呢?

27.宁死不屈的女数学家

　　这里要谈的是一位受世人尊敬的宁死不屈的女数学家,这位女数学家就是古希腊数学家希帕提娅(370~415年),是一位传说中的"非常美丽、非常纯洁、非常有教养的女性"。她是历史上的第一位女数学家。她20岁时留学雅典,30岁回到故乡亚历山大,在木杰恩研究院任教授,每天来听她讲课的人很多,有很多是来自上流社会的人。她一生都过着独身生活,许多贵族向她求婚,她都说:"我已和真理结了婚",婉言拒绝了。

　　她的业绩是很突出的,不仅延续了当时的数学,而且有所独创,是亚历山大新柏拉图学派的代表,被人们尊称为学问的"缪斯"女神。然而,当时亚历山大的基督教徒认为她的哲学和自然科学思想触犯了教规,对教会当局构成了威胁。要知道当时教会的势力是很大的。一天,希帕提娅下课回家,几个教徒把她从车上拽下,扒光她的衣服,拼命地毒打她,并用牡蛎壳刮去她的皮肉,最后放火烧毁她的遗骨。真是惨无人道!从此古希腊的数学随着希帕提娅这位才女的陨落彻底地滑到了低谷。

　　关于她的死还有两个版本。一个版本说她不是在从学校回家途中遇害的,而是暴徒们闯进了研究院,破坏了贵重的物品,还杀害了几名教授,而希帕提娅被暴徒们用石头击倒,最后被马车拖死。还有一个是小说家的说法,法国有位数学家兼小说家叫德尼·盖文的,在他的数学历史小说《鹦鹉的定理》中说:"在415年的一天,亚历山大的暴徒把她从行走的马车上拖下来,拖到教堂。用锐利的鞭子毒打她以后,用火活活地烧死了她。"

　　然而不管怎么说，希帕提娅都是被宗教当局残酷的迫害死的。到死这位伟大的女数学家也没有屈服。

　　在历史上还有一位与希帕提娅一样不肯屈服的著名女数学家，这就是俄罗斯的索尼亚·柯瓦列夫斯卡娅。不过她比希帕提娅晚出生了近1500年，而且并没有被迫害致死，是位反对歧视妇女的英雄。

　　索尼亚·柯瓦列夫斯卡娅生于1850年1月15日，她父亲是俄罗斯的一名将军。她17岁时到圣彼得堡跟军校的老师学习微积分。由于当时不允许女性上大学，父母又反对她出国留学，她只好找个对象结婚，双双去德国留学。她丈夫学习地质学，后来成为著名的古生物学家。她在海德堡大学聆听了许多著名教授的讲座。后来听说柏林大学著名数学家魏尔施特拉斯的一些事情，勾起了她拜这位数学家为师的欲望。来到柏林大学，因为女性的关系而未能如愿，她没有气馁，亲自拜访了魏尔施特拉斯教授，她的虔诚打动了教授，结果接收她为私人弟子，每次都把他在课堂上讲的内容，单独再给她讲一遍。在她的这位热心老师的指导下，她完成了大学的课程并写出了三篇重要论文。其中一篇有关偏微分方程的论文影响最大，受到了当时数学界的一致好评。

以后她专心于微积分方程式的研究,取得了具有划时代意义的成绩。可是她的身体不行了,不得不停下来休养,以后又遭受了丈夫因事业失败而自杀的打击。但她没有屈服,仍然致力于数学研究。斯德哥尔摩大学校长、大数学家米塔格·莱弗勒聘请她为该校的数学讲师,而后又晋升为教授。这在当时女性连到大学听课都不允许的时代是何等的不易!

她38岁那年获得了法国科学院著名的"堡丁"奖,她的论文是《刚体绕定点转动的一般情形》,这是一个在18世纪由大数学家欧拉提出,大数学家拉格朗日和雅可比都作过工作的著名问题,她又作了新的发展。为此,科学院特地把给她的奖金从3000法郎增加到5000法郎。但这是她辉煌的顶点,也是她人生的终点。在领奖回家途中,她不幸得了肺炎而离开人世,终年仅41岁。希帕提娅不幸去世时也才45岁。

自古红颜多薄命,才女也薄命啊!

微积分　刚体

💡思考空间

你还知道哪些伟大的女性科学家吗?

28.牛顿与微积分

微积分是数学史上的第三个伟大发明,也是最重要的发明,是具有划时代意义的巨大发明。自从它出现以后,自然科学研究的思想和方法都发生了质的飞跃。可以说,如果没有微积分,就没有人类的今天。你还记得阿基米德称量圆球体积的故事吧?阿基米德为什么这么做呢?就是因为当时没有微积分,聪明的阿基米德把数学和他在物理学中的发现结合起来,想出来这么一个奇怪的办法。可以说,有了微积分,原来不好解决的问题变得迎刃而解了,原来不能解决的问题也有许多得到了解决。

微积分是谁发明的呢?答案是大名鼎鼎的科学家牛顿。

提起牛顿,大家都不陌生,有关物体运动的三个定律,还有著名的万有引力定律等,都是牛顿发现的。这些都是构成经典力学最基本的东西,所以经典力学又叫牛顿力学。经典力学是研究宏观物体在低于光速运动情况的力学,这恰恰是与我们日常生产、生活最密切的东西,是我们最熟悉的力学。当然还有研究物质在光速情况的运动,还有像电子、质子、中子以及其他更小的基本粒子运动规律的力学。这两样力学中的情形与牛顿力学的情况很不一样。譬如在光速运动的情况下,时间可以变缓,也不存在"同时"的概念了;在微观粒子的情况下,物质既是粒子又是波,是以波粒二象的性质存在着,不仅如此,它的具体位置也不能精准测量,这叫波粒二象性和测不准原理。这些有趣的事情,我们将在另一本书《五光十色的物理》里面给大家讲述。

五光十色的数学

作为物理学家,数学修养是必不可少的。如微积分、常微分方程、偏微分方程,线性代数等,运用起来常常都是小菜一碟。有一个分支叫"理论物理",它用的数学就更高深了。理论物理学家常常要解多次方程,难免要用到后面我们讲到的"群"。

牛顿对于数学就不仅仅是修养的问题了,他是一个大家。前面我们说过的,他是三大数学王之一。那为什么人们谈论他的时候总是谈论他的物理,忘记了他的数学呢?那是因为他对于物理的贡献非常大,是地地道道的经典力学的掌门人,以致掩盖了他的数学成就。

牛顿,英国人,1642年出生在乌尔索浦这个小村庄,和前面有些数学家一样,牛顿的童年并不幸福。他出生时父亲已经去世,3年后母亲又改嫁。继父不喜欢牛顿,他只好和祖母生活在一起。长大后牛顿进入剑桥大学学习,而后接替了他的导师巴罗的卢卡斯的教席,这说明他年纪轻轻就很优秀。但是他讲的课却不太受欢迎,因为听懂他课的人真的很少。牛顿在科学研究方面有着非凡的成就,他的最著名的著作是《自然哲学的数学原理》,书中第一次出现了力学和天体运动的完整的数学公式,成为天文学和物理学的经典。

牛顿的日常生活非常平淡。他不喜欢见人,也不喜欢运动,大多的时间都是在沉思之中。关于他有许多趣闻,最典型的就是看到树上掉下苹果而发现了万有引力定律。这个老掉牙的故事实际上对人很有启示:从树上掉下苹果,或从高处掉下什么东西,几乎人人都见过,可是为什么偏偏就他发现了万有引力呢?对事情都喜欢问一个为什么,这是创造和发现的第一前提。还有一次,牛顿把怀表当做鸡蛋煮到了锅里,还说请朋友吃饭,却想起了什么匆匆地出去了。朋友等得不耐烦了自己先吃了,等他回来看到桌子上的鸡骨头,竟然说:"原来我们吃过饭了!"

这些故事无非都是说明他工作得太忘我了。

　　牛顿创造微积分大约是在他二十二三岁时。1665年,他去家乡躲避瘟疫,在这段时间里他总结出了三个非常重要的结论,这就是微积分、光的性质、万有引力。这是三个非同小可的结论。其中微积分是他为了解决物理的问题而发明的。不过此时他没有用微积分命名,而把它称为"流数术"。

　　但是牛顿这个人很谨慎,并没有及时公布这个成果。何况他是个大物理学家,研究微积分的主要目的在于解决物理中的问题。尽管他在1669年就有了一本叫《运动无穷多项的分析学》的书在朋友之间传阅,但在四十多年以后这本书才得以正式出版。这是第一本关于微积分的专著。此外他还有许多关于微积分及其应用的手稿,大多都没发表过,也只是在与朋友们的通信中才透露出来。他的这类数学手稿很多,以致在他去世后人们花了二百四十多年才整理完毕。1967年剑桥大学出版社出版了《伊萨克·牛顿数学论文集》,全书共八卷。

　　正是由于牛顿未能及时出版自己关于微积分的发明,才引发了后来他与莱布尼兹之间关于发明权的争论,而最终发展为两个国家两个民族间的对立。

　　牛顿于1772年3月31日去世,享年84岁。他被安葬在威斯敏斯特大教堂。这里是英国最高贵的地方之一,安葬着英国历代君主和曾为英国做出过杰出贡献的知名人士,如达尔文、瓦特、丘吉尔等。四年后,有一座雄伟的纪念碑矗立起来,这是人们为纪念牛顿而树立的。碑上镌刻着如下诗句:

> 伊萨克·牛顿爵士，
> 安葬在这里。
> 他以超常的智力，
> 第一个证明了，
> 行星的运动与轨迹，
> 彗星的足迹与海洋的潮汐。
> 他孜孜不倦地研究，
> 光线的各种折射角度，
> 色彩所产生的各种性质。
> 对于自然、历史和《圣经》，
> 他是一个勤勉、敏锐而忠实的诠释者。
> 他以自己的哲学证明了上帝的庄严，
> 并在他的举止中表现了福音的纯朴。
> 让人类欢呼，
> 曾经存在过这样一位，
> 伟大的人类之光。

关于牛顿物理学以及其他方面的情况，我们将在《五光十色的物理》中再做介绍。

微积分　万有引力　物体运动三定律

💡思考空间

在讲微积分时，有人用钳工师傅锉工件来比喻，你说是为什么呢？发现微积分最关键的一步是什么？

29.微积分的跨国之争

微积分的基本定理被称做为"牛顿——莱布尼兹定理"。为什么又出来个莱布尼兹呢？他是何许人也？让我们慢慢地说一说。

英国《不列颠百科全书》中这样表述了莱布尼兹："莱布尼兹是德国自然科学家、数学家、哲学家。他广博的才能影响到诸如逻辑学、数学、力学、地质学、法学、历史学、语言学及神学等广泛领域。"在所有这些身份中，哲学家与数学家是最重要的。不过它们两个排起来，哲学家还在其次。《美国百科全书》在"莱布尼兹"条目中说："莱布尼兹在数学上的成就远远超过他在哲学上的贡献。"而他在数学中的贡献最主要的就是创立微积分。

莱布尼兹被认为是整个西方历史上最博学的人物之一。

莱布尼兹1646年出生于德国莱比锡，父亲是一位道德哲学教授。不过他5岁时父亲就去世了，他在母亲的教导下成长，15岁入莱比锡大学学习法律，21岁获阿尔特多夫大学法学博士学位。此后他进入政府工作并做外交官，不久投到不伦瑞克—吕内堡公爵手下。在这里他服务了整整三代公爵，共计四十年。莱布尼兹在这里的地位很高，与公爵夫人苏菲关系也很好。她喜欢莱布尼兹的哲学，据说"世界上没有两片完全相同的树叶"就是他们之间谈话时留下的哲学名言。

莱布尼兹热衷于建立科学院。他到处奔波鼓动建立科学院。在他的鼓

动下,普鲁士的柏林科学院、维也纳科学院、俄罗斯圣彼得堡科学院都建立起来了。据说他还向当时中国的统治者、清朝的康熙皇帝建议过,可惜这位只喜欢西洋玩意儿而又叶公好龙的皇帝没有采纳他的意见,否则也就不会有后来在"蛮夷人"的坚船利炮下签订屈辱条约的事情了。

由于他的这些努力和他在科学研究上的成就,莱布尼兹获得了许多荣誉头衔:罗马科学与数学科学院院士、法国科学院院士、俄罗斯彼得大帝和神圣罗马帝国皇帝的科学顾问等。1698年,宠信他的第二代公爵去世,莱布尼兹的地位江河日下,开始走下坡路。到了英王乔治一世的时候,英国宫廷连一个小小的职位也不给他,这时他又疾病缠身,患上了胆结石和痛风。在这双重折磨之下,莱布尼兹走完了他人生最后的道路,享年70岁。他的葬礼也同样的凄凉。

那么,莱布尼兹和微积分又是什么关系呢?

莱布尼兹也是微积分的发明者这一。大约在1675年左右,莱布尼兹发明了他的"无穷小算法",其中已包含了微积分的基础——极限的基本含义,同时,得出了有关微分的概念。第二年,他又给出了微积分的基本定理。

这样,牛顿与莱布尼兹都各自独立地发明了微积分。

牛顿和莱布尼兹发明的微积分还有很多欠缺,下一个世纪的数学家欧拉和柯西又做了许多工作,才使微积分终于成为严谨的数学工具,成为今天的样子。

牛顿大约先于莱布尼兹十年左右发明了微积分(当时叫"流数术"),但牛顿生性谨慎,并没有及时发表。在这许多年后,一次牛顿通过莱布尼兹在英国皇家学会叫奥尔登堡的朋友转给莱布尼兹一封信,在信中简短且含糊地提到了他的"流数术"的发明。莱布尼兹敏感地意识到这就是他已想到的微积分,于是在这信中他告诉了牛顿自己的成果,这件事情便告一段落。后来莱布尼兹的微积分发明在欧洲开始流传。1684年,莱布尼兹发表了一篇论文(这篇论文的名字很长,叫做《求不局限于分数或无理数的极大、极小和切线的新方法及它的异常的计算类型》),在这篇论文中他正式公布了关于微积分的发明,但遗憾的是他没有提起牛顿的名字。

此事三年以后牛顿出版了他的巨著《自然哲学的数学原理》,在这本书的注释中提到了那次和莱布尼兹通信的事。牛顿的朋友们看到后很为牛顿不平,向莱布尼兹发难,说是他剽窃牛顿的成果。莱布尼兹也不示弱,他竟暗示自己的朋友是牛顿剽窃了他的成果。于是双方互相发难,搅得不亦乐乎!由于牛顿和莱布尼兹是两个不同国家的人,涉及了国家荣誉,争论便越演越烈、规模也越来越大,以致最后发展成了国家与民族的荣誉之争。

然而,由于牛顿的名气太大了,莱布尼兹终于被认定是战败者,除了他的同胞外,整个欧洲几乎没有人承认他是微积分的发明者,瑞士数学学会甚至公开指责莱布尼兹是不光荣的剽窃者,这种羞辱伴随着莱布尼兹一直到他生命的终结。然而,历史终于做出了公平的结论:

牛顿与莱布尼兹都发明了微积分,只是牛顿发明的早些,而莱布尼兹公布的早些。

应该说这是符合历史事实的。

课堂对对碰

牛顿——莱布尼兹定理

❓思考空间

你知道牛顿——莱布尼兹定理吗?

30.数学史上的"贝多芬"

大家都知道贝多芬,不论喜欢音乐的还是不喜欢音乐的都知道这位伟大的作曲家,他在双耳失聪以后还写下了那么多动人的乐章。人们每当谈到他的时候,都仿佛听到《月光奏鸣曲》那清新而又如水般清澈的声音,我们的身边都仿佛跳动着那些舞蹈般的音符。可是你知道吗?在数学史上也有一位像贝多芬一样伟大的人物。不过他不是耳聋,而是在双目失明以后仍在进行研究和写作,为人类创造了丰富的数学财富,这个人就是欧拉。

先让我们看看这些熟悉的数学符号吧:

$f(x)$:函数

$\sum$:求和符号

e:自然对数的底

π:圆周率

abc:三角形ABC的边

r:三角形内切圆的半径

R:三角形外接圆的半径

i:虚数单位$\sqrt{-1}$

还有我们前面讲过的把三角函数和指数联系在一起的公式

$$\cos x + i \sin x = e^{ix}$$

$$e^{i\pi} + 1 = 0$$

这些数学符号和这些关系式的提出者就是大名鼎鼎的数学家欧拉。

欧拉的业绩当然不止这些,在数学的各个领域几乎都有欧拉的名字出现。

30.数学史上的"贝多芬"

他一生出版了530种著作和论文,还留下了大量的原稿,以至于他工作过的圣彼得堡科学院的学报发表了47年。这是件科学院非常引以为荣的事情。1909年,瑞士自然科学院出版了欧拉著作全集,共有886篇,73卷。他最有名的著作是1784年出版的《无穷小分析论》,这是一本与欧几里得《几何原本》相提并论的书。它囊括了前人的所有重要发现并重新组织论证,是一本大全式的书。有了这本书就几乎不必再翻阅以前的任何数学书了。他还出版了《微分原理》和《积分原理》等,都是非常有影响的书。

那么,欧拉是个怎样的人呢?

欧拉1707年生于瑞士的巴塞尔。他的父亲是位牧师,从欧拉小时就想把他培养成一个像他自己那样恪尽职守的牧师。然而欧拉却对天上的星星充满了好奇,他对灿烂的繁星是由上帝创造出来的说法感到怀疑。父亲发现他根本不是块做牧师的料,却意外发现他很有数学天赋。后来欧拉上了欧洲当时最好的大学——巴塞尔大学,仍旧学习神学。但在这里他幸运地遇到了有名的伯努力数学家族的成员,而且他的数学才能很快就被大师们发现了。欧拉没有太多的时间去听数学课,爱才的导师就每周单独给他上一次数学课。于是,天才的欧拉很快在数学界崭露了头角。欧拉的父亲也终于改变了态度,同意欧拉研究数学了。

1726年,欧拉获得了巴黎科学院的"有奖征答"奖,以后又连连获得了几次这个奖的奖金,这是19岁的欧拉取得的成果。1727年他大学毕业了,后来做过物理教研室主任、从事过医学研究,再到后来到了俄国,在那里遇到了伯努力数学家族的成员才推荐他从事了数学工作。26岁那年他成了数学教授,并且是圣彼得堡科学院数学研究部的领导者。

欧拉有5个儿女,因此他的家庭很热闹。他喜欢在孩子们的嬉闹声中工作。有时左手抱着出生不久的孩子,右手还在不停地写着。他写作的速度实在惊人。有一个故事说,有一次到了吃饭的时候,仆人去叫他,他说等一等。

因为这时候他头脑中已经有了一个构思,他想把它写成论文。半个小时过去了,仆人又去叫他,他已经微笑着起身了,他桌子上那堆论文里又多了一篇新的。

由于他的论文很多,当科学院的学报需要论文时就来找他,他就从上面拿一篇交给来人,所以出了个怪事:常常是他后写出的论文先发表,而先写出的论文后发表。从来没有一个伟大的数学家像他这样次序混乱地发表自己的成果。

欧拉先是右眼失明,那是因为解决一个天文学的数学问题——用古典方法计算一条彗星的轨道。这是一个很富挑战性的题目,许多数学家,也包括高斯都花了好些时间来研究这个问题。欧拉夜以继日、废寝忘食地干了三天,三天之后题目解决了,而他的右眼也同时失去了视力,据说是被壁炉里冒出的烟熏坏的。

欧拉1741年告别俄罗斯来到了柏林,他在这里住了好多年。25年以后他再次回到了俄罗斯。但这次命运为他降临了灾难:他那仅存的左眼视力也开始急剧下降,后来完全失明了。

那么,欧拉的数学生涯该到此结束了吧?一个双目失明的人还能写作研究吗?但是你不要忘记,欧拉是一个天才!他有着超常的记忆力,不但过目不忘,过耳也不忘。他能整部整部的背诵一万二千行的古典长诗《埃涅阿斯纪》。他用这种本领把那个时代的所有数学成果烂记于心。此外,他也有非常好的心算本领,许多复杂的计算他都能凭心算准确地算出来。

他对于自己的完全失明也有心理准备。他在完全失明以前就找来一块大石板,把他发现的关键性公式都写在上面,这样就谁也弄不错它们了。他有了构思以后就叫上自己的一个儿子,说给他听,再让他去对照这些公式,他又口述对这些公式的说明,这样一篇论文就写成了。他的许多论文都是这样写成的。据说他这样写论文的速度反而比完全失明前快了许多。

欧拉在圣彼得堡度过了生命的最后17天。1783年9月7日,他在与孙儿们谈论最新发现的定理和讲述天王星的故事时,在谈笑中突然去世,享年76岁。

函数　虚数单位　自然对数的底

💡思考空间

你还知道大数学家欧拉的哪些数学轶事吗?

31.他留下一座金矿

　　和微积分的发明者是两个人一样，解析几何其实也有两个发明者，除了笛卡尔之外，还有一个是费马。

　　费马同笛卡尔一样都是法国人，而且年纪相差不大，他出生于1601年法国南部的一个经商世家。费马好像读书较晚，他30岁时才获得民法学学士学位，后来成为了律师，47岁时还当上了地方的议员。他在这个位置上颇受尊敬地干了差不多20年。由此可见，他不是专业的数学家，他研究数学纯属业余爱好。因此，他也不想出版什么数学著作，他所有的数学思想和创造都记录在他的札记、读过书的旁白处以及与朋友的通信中。后人称费马的这些故纸堆是一座金矿，里面埋藏着数不清的光闪闪的金子。他辞世后，这座金矿被人们发现，大家才知道费马原来是位数学大家和了不起的天才！

　　费马的数学成就主要有以下几点：

　　1. 与笛卡尔一样也是解析几何的发明者。1630年左右，他编成了一本《平面和立体的轨迹引论》，主要是探讨在代数方程与曲线之间建立联系的问题，实际上就是探讨建立解析几何的问题。遗憾的是这本书1680年才出版,此时他已逝世十多年了,该书整整晚出版了50年。而1637年笛卡尔已经正式公布了他的解析几何的发明。因此,费马作为解析几何的发明人就只能算是第二位了。

2. 他是概率论的创建者之一。概率论的原始含意就是赌博术,它探讨赌博机会的问题,研究怎么才能提高胜算。据说是费马与另一位大数学家帕斯卡研究两个赌徒如何分配赌本的问题,也就是"赌点问题"时有了概率论的思想。两人用不同的方法殊途同归地解决了"赌点问题",概率论便应运而生了。

3. 数论上的功绩。这些功绩在数学界里是广为人知的。

当然还有大家都知道的费马大小定理。

费马小定理是这样的:

如果p是素数,并且不是n的约数,那么$n^{p-1}-1$可以被p整除。

例如 $3^{7-1}-1=3^6-1=729-1=728=104\times7$

这里的p就是7。你看出最左最右两个数的关系吗?

迄今为止,用费马小定理算出的最大的素数是$2^{3021377}-1$(当然还可能有比这更大的素数),这个素数足有10^{100000}位。这用现有的数的单位(如万、亿、兆等)是无法读出来的。

费马大定理是这样的:

当n是大于2的整数时,$a^n+b^n=c^n$没有整数解。

这个定理给后人留下了许多麻烦。费马当时只给出了这个定理,并没有提供对它的证明,只是在他研读的一本书的某页空白处写了这个定理的内容,并且写上"我知道对它的证明,但这里空白地方太小,我无法写下证明过程。"

多么遗憾,就因为书的空白处太小,以至于后人为了证明这定理费了350年的功夫!1908年,德国数学家沃尔夫斯凯尔给哥廷根科学院留下遗言:悬赏求证费马大定理,谁若最先证明出来就奖励10万马克。1993年,在剑桥牛顿研究所召开的数学会议上,普林斯顿大学教授威尔士在他的长篇演讲中证明了这个定理,但大家认为他的证明尚不完善。又经过一年的努力,威尔士终于完成了费马大定理的证明,那10万马克想必归入了他的囊中。

费马去世于1665年初,享年64岁。由于客死异乡,人们对这样一位伟人并不熟悉,以至于刻在他墓碑上的年纪只有57岁!

课堂对对碰

解析几何 概率论 数论 费马大定理

💡思考空间

大家动手算一下,当$p=10$,$n=3$时,费马小定理中$n^{p-1}-1$等于多少?

32.两个倒霉的数学家

这里要讲两位二十多岁就英年早逝的,极富才气,而其成果在生前均未得到世人承认的数学家。

1. 他只活了26岁,却留下了让数学家们忙活500年的问题。

这个人就是阿贝尔,他是现代数学的先驱者。1802年,阿贝尔诞生于挪威一个小山村,父亲是位律师,在阿贝尔18岁那年去世。因此,在他步入青年时期开始,他的家境就非常困难。他的大哥患有精神病,他不得不挑起全家生活的重担,但这并没有磨灭他的数学天赋。17岁那年他写了一篇《怎样解五次以上方程》的论文给老师看,结果不但老师看不懂,连老师的老师也看不懂,最后还是在哥本哈根大学一位名教授的指导下,阿贝尔才找出了论文的错误之处。要知道五次方程的求解问题在当时是个非常大的难题。法国大数学家拉格朗日也研究过这个问题,他写出了一篇好几百页的论文,但后来发现他的证明是错误的。拉格朗日非常沮丧地说:"这个问题好像在向人类的智慧挑战。"足见这个问题的难度!

阿贝尔22岁那年终于解决了这个问题,他发表了《高于四次的一般方程的代数求解不可能性的证明》的论文。事实上,阿贝尔关于五次方程解法的论文长时间都没得到认可,因为负责论文审查的大数学家高斯对阿贝尔根本没有重视,把他的论文夹在了什么地方忘了审查!24岁时,阿贝尔写的关于椭圆函

数的论文也被负责审查论文的柯西忘在抽屉里，以至于阿贝尔等的连回家的路费都没有了。

阿贝尔的成就除了代数方程式外，还有椭圆函数论、阿贝尔函数、二项级数论等。在数学分析中，我们可以遇到阿贝尔积分方程式和阿贝尔定理，在有关无穷级数的问题中也有阿贝尔的贡献！

阿贝尔的才能，生前未被世人和政府认可，他甚至连个像样的工作都找不到，不得不靠做家庭教师来维持生计。他穷困潦倒，还患了肺结核，这在当时是不治之症。1829 年 4 月 6 日，阿贝尔在恋人身旁离开了人世，年仅 26 岁。他一生没有结过婚。三天以后一封聘书寄给阿贝尔，"尊敬的阿贝尔先生：本校聘请您为数学教授，望万勿推辞为幸！"寄信人是柏林大学校长。

阿贝尔的数学功绩在他去世后，终于陆续地得到了承认。现在很多理论和定理都以他的名字命名，这是他的永久的纪念碑。数学家厄米特说："阿贝尔留下了让数学家们忙活 500 年的问题。"

的确，直到 20 世纪末，数学家们还在研究阿贝尔理论，要知道他才仅仅活了 26 岁啊！

2. 一个过早出生的天才，一个被愚蠢家伙们害死的天才！

他是谁呢？就是年仅 21 岁就死于非命的少年天才伽罗华。

伽罗华是 19 世纪数学的引导者，他的最大贡献就是开启了现代数学新纪元。他最先使用了"群"的概念，开创了作为代数学基础的"群"的研究。

法国数学家伽罗华 1811 年出生于巴黎近郊的一个小村庄。他 12 岁入中学学习，15 岁时因成绩不好而留级，从此他开始潜心学习数学。他只用了两天的时间就自学了勒让德的《几何学原理》，一下子跟上了同学的进度。他读大学时阅读教授指定的数学教材，竟像读小说那样容易，是一个数学史上少有的少年天才。

17 岁那年他把对方程论的一个重要发现写成论文，但是又被法国科学院负责审查的数学家柯西先生弄丢。此期间,他为了参加数学大奖赛,向巴黎科学院递交了"关于方程式一般解"的论文,可偏偏又碰上负责审查的傅立叶先生突然去世而不见音讯。

1829 年,伽罗华考入高等师范学校,入学半年他发表了 4 篇论文。他生前一共发表了 5 篇论文,而这些论文都是在上高等师范学校时发表的。

伽罗华除了研究数学外,十分热衷于革命活动,经常参加激进的政治运动。因此,他在高等师范学校仅读完一年就被开除了。伽罗华失学后,一方面继续参加政治运动,一方面研究数学。他重新向巴黎科学院递交了曾经交给傅立叶的论文。但是,担任审查的数学家泊松却以"无法理解"为由退回了他的论文。伽罗华曾深有感慨地说:"我真想对他们说,科学院的绅士们皮包里的原稿怎么那么容易丢呢?"他又说:"泊松说无法理解我的论文,我想这是因为他不想理解我的论文,或根本没有能力理解我的论文⋯⋯"事实上伽罗华的思想远远超越了那个年代,有人说他是过早出生的天才!

1831 年 5 月,在一次宴会上,伽罗华一手举刀一手举杯为施行暴政的国王"干杯",把象征国王的酒杯拦腰砍断,因而入狱。出狱后又因聚众游行、抗议暴政而再次被捕,并被判处 9 个月徒刑。在狱中他忍受饥饿和打骂,继续研究数学。

五光十色的数学

1832 年 3 月,伽罗华在狱中染上霍乱,监护就医,而与医院院长的女儿相恋,谁知此女又移情别恋。伽罗华出狱后向这个"别人"挑战,两人用手枪决斗。5 月 30 日凌晨,伽罗华被 25 步开外的手枪击中,被人发现送到医院 后死亡,年仅 21 岁!

伽罗华是一介书生,意气用事,他明知自己不是对方的对手而要挑战决斗。他在决斗前一天预感到自己会死亡,便把书稿交给了朋友。书稿的主要内容是有关代数方程和置换群。伽罗华去世 40 年后这些书稿才被出版。

决斗前伽罗华在遗嘱中写道:"我在数学方面做出的一些新发现,有些是关于代数方程论的,有些是关于函数的,可以公开请雅可比或高斯鉴阅,不是请他们对这些理论的正确性而是对它们的重要性发表意见,以后我希望有些人将会发现,把这些东西注释出来是有益处的。"

伽罗华多么自信,而忽略他的那些家伙该有多么专横!

与阿贝尔一样,直到 20 世纪末,人们仍在继续深入研究伽罗华开创的数学世界。

阿贝尔函数　二项级数论　"群"

思考空间

你知道阿贝尔函数是什么吗?想知道吗?就去查一查吧!

33.报国无门的数学家

你听说过有报效祖国却不得门而入，有世界顶级的科研成果却20年不得发表的数学家吗？

有，这个人就是我国数学家陆家羲。那当然是在一个特殊的时代。

当代著名数学家、加拿大多伦多大学教授门德松这样评价陆家羲的成就，他说："这是世界上20多年来组合设计方面最重大的成果之一。"

陆家羲解决了130多年来世界学术界未能解决的难题。

你知道陈景润吗？你知道报告文学《哥德巴赫猜想》吗？全国科学大会的宣传和徐迟报告文学使数学家陈景润一炮走红，成为当时中国的科学明星。其实陆家羲的成果一点也不比陈景润差。他已经完全解决了组合数学中的科克曼问题，而陈景润按徐迟的说法是"还差一步之遥"。可他却没有陈景润那么幸运，在他刚刚看见曙光的时候，这颗星就已经陨落了。历史就是这样的不公平！

陆家羲，1961年毕业于某大学物理系，那是一个曾经有着"极左"传统的学校。陆家羲聪明好学却被说成是"走白专道路"，毕业后被分配到内蒙古包头第九中学当了一名中学物理教师。一个偶然的机会他读到了孙泽瀛先生著的《数学趣引》，对书中介绍的"科克曼女生问题"产生了兴趣，便潜心研究起来。

这个问题是1850年数学家科克曼提出来的，内容是这样的：

"某校宿舍有15名学生，她们每天每三人一组散步。问应该怎样组织，使得一周内每位女生与其他女生同一组散步恰好一次？"

这个问题看似简单，其实非常复杂，不信你动手试试。

117

1961 年,陆家羲把自己关于这个问题的研究论文寄给中国科学院数学研究所,一年后被退稿。事隔两年他将被退回的稿子修改后更名又投《数学杂志》,又是一年以后被退了回来,建议他改投别的刊物。1965 年,他又将稿子修改后投给《数学学报》,一年以后又收到退稿通知,理由竟是"此文无价值"。此时陆家羲遇到的情况与当年伽罗华遇到的情况很相似。不过,伽罗华仅仅是怀疑那些审稿的大家看不懂,而陆家羲的东西看来确定是没被看懂,否则怎么会有"此文无价值"的评价。

"此文无价值!"

这以后就是"十年动乱"了,科学教育战线全面瘫痪,陆家羲的论文已无处可投。十年之后，"四人帮"被粉碎了，1978 年迎来了科学的春天，这以后陆家羲又是两次投稿，依然石沉大海。

1979 年，陆家羲读到美国哥伦比亚大学出版的《组合论》杂志，吃惊地发现科克曼女生问题已在 1971 年由意大利数学家解决并发表了成果。可这比陆家羲的成果整整晚了十年！

多么可悲的事实啊！

在那个年代里，陆家羲的遭遇不是偶然的。"极左思潮"长期地摧残着中国的知识分子，文化大革命的"十年动乱"更是骇人听闻的一场浩劫。幸好改革开放以后，那种仇视科学、摧残人才的年代一去不复返了。

陆家羲为自己的成果奔走呼号。虽然文化大革命已经结束，但"极左"思潮影响尚未肃清。陆家羲仍被说成"追求名利"，是"白专"的典型。参加学术会议要受到学校领导人的阻挠，要自己请人代课、要自己借钱做路费，真是艰难之极！全家四口挤在一间十几平方米的小房子里，惟一的一张桌子留给孩子做作业，陆家羲则趴在土炕上研究数学的世界难题！

1980 年，陆家羲终于时来运转，他结识了在海外有关系的朱烈教授。朱教授帮助他把六篇关于组合数学的论文投给美国的《组合论》杂志。这些都是关于"斯坦纳系"的研究成果，而科克曼女生问题仅是它的特例。

陆家羲成功了！

1983 年 3 月 4 日，连续两期《组合论》杂志就发表了陆家羲的六篇论文。与陈景润一样，陆家羲的成果也是首先在国外刊物上发表，然后才在国内得以承认的。

陆家羲声名大振，在国外被称为陆家羲博士。1983 年，中国邀请组合数学大师门德松教授来华讲学，门德松吃惊地说："为什么邀请我？你们中国不是有陆家羲博士吗？"在一次组合数学会议上，门德松特地会见陆家羲并邀请他去多伦多大学工作。满怀一腔报国之心的陆家羲婉拒了，他想在自己的祖国研究组合数学。门德松把多伦多大学的校徽赠给他留念，并诚挚地邀请他去加拿大讲学。

陆家羲终于迎来了发光的时刻，但他已经耗尽了自己的心血。这颗星刚刚升起就匆匆地陨落了！1983 年 10 月，陆家羲在武汉会议上做了大会报告，在返回包头的途中身体已经疲惫不堪了。他回到家里一头扎到土炕上睡着了，这一睡就再也没有醒来！一位中国优秀的饱经苦难的年轻的数学家就这样与世长辞了。他去世后，《人民日报》、《光明日报》等全国各重要报刊对他做了大量报道。《人民日报》发表了《拼搏二十多年，耗尽毕生心血，中学教师陆家羲攻克世界难题"斯坦纳系"》的专题文章。我国组合数学学会组织了"陆家羲学术工作评审委员会"对他的工作进行了全面公正的评价。优秀教师、特级教师等称号接踵而至。陆家羲的成果获评"国家自然科学一等奖"，与陈景润齐名。这些迟来的荣誉说明了什么呢？

课堂对对碰

哥德巴赫猜想　组合数学　科克曼女生问题

💡思考空间

你知道什么是组合数学吗？它究竟有什么意义呢？自己找找资料看。

34.上帝喜爱圆球吗

不知道你想过没有,天上地上为什么有那么多的圆球和圆?地球是圆的,太阳是圆的,月亮是圆的,天上的恒星、行星都是圆的。地上的各种水果,比如苹果、橘子、梨等都是圆的。我们的眼球是圆的,头颅大致也是圆的。水滴呢?也是圆的,不过像蝌蚪带一个小尾巴,可那是重力作用的结果。在太空失重的情况下,它就是溜圆溜圆的了。我们用的锅碗瓢盆,虽然不是圆球状的,可它们的开口也都是圆形的。这究竟是为什么?难道造物者——上帝喜欢圆吗?他该不是位足球或者篮球运动员吧?

这当然是开玩笑。可这些东西都是圆的总有原因吧!

星球和水珠是圆球形的,当然有力学的因素,这在《五光十色的物理》里面再详说。可它们还有个数学上的原因,就是对于同样体积的几何体来说,圆球的表面积最小;对于同样大小的平面面积来说,围成这个面积的周边是圆形的时候,边长(周长)最小。

现在你应该明白宇宙间为什么这么多的圆形了吧?

事实上,水滴和星球是圆的是在尽量减少"皮肤"。水滴在表面张力的

121

作用下，像橡皮膜一样收缩自己的外表。表面积最小的是圆球，它就成了这种形状。星球在它们形成之初也是液态的（譬如地球里面就是很热很热的岩浆），它们变成球形也就不奇怪了。至于水果是圆球形的，那无外乎是想在有限的果皮里面多容纳一些果肉（如果真有上帝的话，上帝想的可真是太周到了）。其实植物那好吃的果肉不过是用来引诱人和动物的，请大家在吃果肉的同时义务地帮助它们传播一下种子而已。

锅碗瓢盆为什么做成圆形的，现在不用说你也清楚了，无非就是想多盛一点东西，当然也不排除旋转体在制作时很方便。

还有一个有趣的现象，就是冬天有些动物喜欢卷曲成球形，这是为什么？是为了减少与外界接触的面积，少散发点身体的热量。

国外有一个传说，古罗马国王的女儿吉冬去非洲创建迦太基国。她想在海边购买一块地皮，于是向卖地者说："我要买一张兽皮的土地！"她付了钱便将兽皮剪成一根长长的细条，在海岸线旁边围了一个半圆，而半圆的直径在海岸线上。她知道，此时围得的面积最大。

在数学里求最大或最小的问题就叫做求极值问题。求极值的问题是常常遇到的，为了求复杂情况下极值，出现了一种数学方法叫做"变分法"。

有一个有名且有趣的求极值问题，叫"最速降线"问题。它是1696年6月，由著名的瑞士数学家约翰·伯努利在《教师学报》上提出来的。问题是这样的：

有A、B两点不在同一铅直线上，A点位置高于B点。求路径AMB，使得动点M在自身重力作用沿此路径由A点滑至B点时所耗时间最少？

对于这个问题牛顿给出了一个精美的解答，他匿名发表了他的解答。据说擂主约翰·伯努利看了这样的解法后佩服得五体投地。他对哥哥雅各布·伯努利说："我们周围有一头科学的雄狮，这篇论文只是它露出的一条尾巴。"当然他们当时并不知道这头雄狮就是大名鼎鼎的牛顿。

1697 年春天，《教师学报》上发表了好几个关于最速降线的解答，其中还是以牛顿的方法最为精彩和易懂。这条曲线现在被称作"旋轮线"，是一个圆 (假设半径为a) 沿一条直线 (假设为x轴) 滚动时，圆上一点在平面上扫描出的轨迹，如下图。

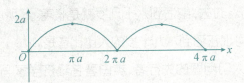

极值　表面积　旋轮线

💡思考空间

"最速降线"为什么不是两点间距离最短的直线？

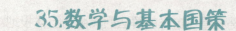

35.数学与基本国策

　　人口问题,对于一个国家来说是非常大的问题。如果不能很好地控制人口的过快增长,不仅会造成资源的过度消耗,而且新增的财富与新增的人口相比也显得入不敷出。我国目前经济总产值并不低,可被人口一平均却排在了世界中等偏下的位置。随着社会的进步、生产力的发展、生活条件和生活环境的改善,人的寿命越来越长,人口增长的速度也越来越快。据说,原始人的平均寿命只有十几岁,我国三国时期是三十几岁。那时全国总人口也不过几千万。过去,能活到六十几岁就是长寿了,所以有"人活七十古来稀"的说法。可现在活到八九十岁的人比比皆是。

　　早在18世纪,人口问题的先行者、英国著名经济学家马尔萨斯就发表了著名的《人口论》,提出了警惕人口过快增长的问题。他说,如果人口扩张到生活资料不足以维持人们的生存时,就会引发饥饿、疾病甚至战乱。他认为人口增长的速度与现存人口数成正比。他的观点和忠告都是正确的,可他关于人口增长速度的判断是有失偏颇的。他是根据18世纪的情况做出这样的判断。18世纪地广人稀,人们可以肆无忌惮的按自然规律繁殖。而在现今社会,人们对环境以及资源的认识、生活方式的改变都会影响到人类的繁衍,马尔萨斯人口论的增长速度就不合适了。

　　由马尔萨斯的人口增长速度与现有人口成正比的理论,推出了马尔萨斯人口预报公式:

$$P(t)=P_0 e^{\alpha(t-t_0)}$$

其中P_0是$t=t_0$时的人口数, α是人口增长率, $P(t)$是t时的人口数。

看吧,按这个公式,人口是呈指数增长的,多么可怕!

1965年1月,当时世界人口数是33.4亿,(即t_0=1965时,P_0=33.4亿),那时人口增长率为 α =0.02,于是

$$P(t)=33.4 \times 10^8 e^{0.02(t-1965)}$$

设经过T年后人口比原有人口翻一番(2倍)。则

$$2P_0=P_0 e^{0.02T}$$

两边取对数得

$$\ln2=0.02T,$$

$$T=\frac{1}{0.02}\ln2 \approx 34.6。$$

即每经过34.6年人口翻一番。根据这样的推算,到2515年,世界人口将达到200万亿。这是个什么概念呢?有人曾设想过这样的情景:江河湖海水

面上都一艘挨一艘地布满了船,船上面都站上了人;在沙漠、雪山甚至喜马拉雅山高峰顶上也站上了人。那么,此时人均占地面积也只有0.87平方米,

连躺下睡觉的地方都不够！幸亏马尔萨斯人口论的数学模型有问题，否则这是多么可怕的前景！

20世纪50年代，我国著名经济学家马寅初提出了"新人口论"。他指出，人口的增长速度不仅与现存的人口数有正相关关系，而且与人口的可增长空间成正相关关系。

事实上也是这样，人口可增长空间越大（离人口满员情况越远）时人口增长越快，反之就越慢。把这些因素考虑进去就得到一个新的预报公式。美国和法国都曾用这个新的公式预报过人口，与实际情况相当吻合。马寅初的"新人口论"已经具有相当高的水准和重大的指导意义。只可惜他的理论在"极左"的年代里非但未被重视，反而被大肆批判。结果批斗了一个马寅初，多生了中国几亿人！我国承受了巨大的人口压力。幸好这一切已经被拨乱反正，按马寅初的"新人口论"和数学模型，人们算出了我国未来人口总数不会超过18亿。近十几年来，我国把计划生育政策作为基本国策，已经深入人心，再加上社会主义精神文明的建设，可以确信我国的人口安全是有保障的。

课堂对对碰

人口增长论

💡思考空间

你知道中国现在人口有多少亿？目前的人口增长率是多少？

36.数学与股市预测

现代人对股票几乎都不陌生。炒股已成为当今社会最热门的投资手段之一,岂不知这里面也有数学学问。

我们先说说"黄金分割"理论在股票投资上的应用。

有一条线段AB,在它上面取一点C,使AC与AB的长度比为0.618,则C点称为AB线段的黄金点,0.618这个数被称为黄金数,把线段的这种分割称为黄金分割。对于黄金分割的问题是怎么来的以及它的神奇运用我们在后面详谈,这里只说它在炒股中的应用。

在股价预测中,使用黄金比有两种分析方法。

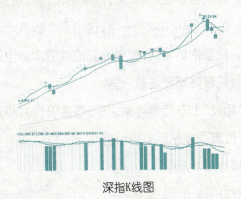

深指K线图

第一种方法是,以股价近期走势中重要峰位或底位,也就是高价或低价为计算基础,当股价运行到某个黄金点时可能会有波动。当行情接近尾声,股价发生急升或急跌后,其涨跌幅达到某一个黄金比时,则可能发生转势。

第二种方法是,行情发生转势以后,无论是止升转跌还是止跌转升的反转,都以近期走势中重要的峰位和底位之间的差额作为计算基数,将原涨跌幅按0.191、0.382、0.5、0.618、0.809分割为5个黄金点。股价在转后的走势将比较有可能在这5个位置上发生暂时的改变。

例如:当下跌行情结束前,最低价值是20元,那么,股价反转上升时,可能出现的反压价位是:

20元 × (1+0.191)=23.8元

20元 × (1+0.382)=27.6元

20元 × (1+0.618)=32.4元

20元 × (1+0.809)=36.2元

20元 × (1+1.000)=40元

20元 × (1+1.191)=43.8元

上例中除了0.618外怎么还有0.191、0.382、0.809等呢?你知道,线段黄金点的位置,从正方向看是在0.618处,而从相反方向看是在1-0.618=0.382处。0.191是0.382的一半,这也是个敏感点。0.809则是0.618+0.191的和。经验告诉我们,除了上面的点位,0.5也是敏感点。总之在这些点位上,我们最好都要注意一些。

与上面的例子相反,上升行情结束之前,最高股价为30元,那么,股价反转下跌时有如下位置可能出现支持价值:

30元 × (1-0.191)=24.3元

30元 × (1-0.382)=18.5元

30元 × (1-0.618)=11.5元

30元 × (1-0.809)=5.7元

以上那些点只是行情可能发生临时反转的点,具体操作还得结合现场情况。

由艾略特所创造的金融投资中的波浪理论,实际上是套用了上面所说的黄金分割理论并发扬光大。上述的黄金分割理论在期货、汇市的交易中也适用。

数学在股市投资中应用的另一个典型例子就是"对称"。"股市无处不对称"这句话一点也不夸张。仔细审视股票走势图像就可以相信这一点。小对称,小转向;大对称,大转向。每一次市场的转向,几乎都发生在对称点上。

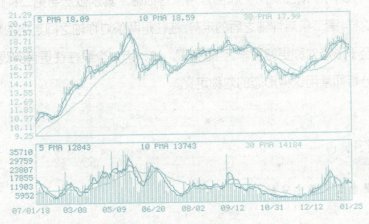

某股票对称形态图

事实上,对称是数学上带有普遍性的一个规律。不仅数学之中存在着对称,宇宙万物也存在着对称,对称是美的表现。对于这些我们后面会有所讲解,现在仅就股票、期货来探讨一下这个问题。

一般来说,在股票、期货的实践中,对称表现在两个方面:一个是时间的对称性,另一个是形态的对称性。

时间的对称性一般可以有三种类型:

1. 以历史上某一个重要时刻的顶部或底部所在位置作横轴的一条垂直线,这条垂直线就是对称轴。轴两边相对应的高低点往往与该轴相距的时间相等。依此方法可以根据轴左边历史走势的高低点距轴的距离,确定出未来走势可能出现的相应高低点与对称轴的距离,从而找出它们出现的时间。

2. 以一个顶部和底部(顶部在前的情况),或以一个底部和顶部(底部在前的情况),分别作对称轴。这时第二条轴后面的走势(未来走势)往往恰似两条对称轴所夹部分的历史走势的翻版。这样,可以用在两条对称轴之间某点距第一条(左边)对称轴的距离为长度,在第二对称轴(右边)的右边量出相同距离,就确定了未来该高度出现的时间。

3. 以两个顶部或两个底部分别作对称轴,其余做法与第二种情况相似。这样,第二条对称轴之后的走势,往往是两条对称轴之间走势的翻版。

至于形态对称更好理解,也很直观。这一点对个股往往更有实践意义。证券分析师常用这种形态的对称定义。

课堂对对碰

黄金数 黄金分割

思考空间

一只股票下跌行情结束前,最低价位为50元,那么,股价反转上升时,可能出现的反压价位是多少?

37.密码风云

密码源于军事通讯,而军事通讯在两千多年以前就已经存在了。那时无外乎用两种方式:一种是烽火台,另一种是驿站传送。

烽火台实际上就是在高处搭建的一座台子,平时放上干燥的易燃物品(有的说是狼粪),遇有军情的时候,第一座烽火台便点起火来(据说狼粪的烟可以升得很直很高,所以用狼粪),远处的第二座烽火台看到了也点起火来,这样一座一座地往下传,敌人入侵的消息很快就传到了京城或其他该传到的地方。所以直到现在也还有"烽火连天"、"狼烟四起"的成语,用来形容战乱。

用烽火传递情报的好处是快。光的传播速度是相当快的,每秒30万公里,1秒钟能绕地球7圈半呢!这边刚点起烟,那边马上就看到。可是它的信息量太少,只能报告有军情,而是什么样的军情,敌人来了多少,统统都无法传达。这时就得用第二种通讯方式:驿站传递。驿站里养了许多马,送情报的人往往是换马不换人。到一个驿站换一匹新马,这样可以保证马以最快的速度跑,就像我们运动会跑接力赛一样。看古装电视剧里,经常有八百里加急、五百里加急指的就是这个。所谓八百里加急就是日跑八百里,五百里加急就是日跑五百里,它们属于情报传递的不同等级。

关于烽火还有两个有名的故事。一个叫"烽火戏诸侯",一个叫"大意失荆州",都是结局不好的故事。

"烽火戏诸侯"说的是距今两千多年前的周朝,有个天子,叫周幽王,他有个爱妃叫褒姬。据说这个褒姬出身贫寒,不苟言笑,周幽王想:她不笑都这么美丽,那笑起来一定更漂亮了。他很想看看她笑的样子,于是千方百计地哄她笑,谁知褒姬根本不为所动。后来,褒姬偶然听到宫女撕帛(就是绸缎)的声音,觉得很好听,就笑了。于是周幽王就命人取出一批批帛来,撕给她听。谁知她听来听去听腻了,就又不笑了。周幽王为博她一笑真是伤透了脑筋,后来他竟然想到了烽火!

他与褒姬登上城头,命人点燃烽火台。见狼烟四起,各路诸侯以为有人来犯,纷纷率部前来救驾。看到城下人喊马嘶,慌慌张张不知所措的样子,褒姬开心地笑了。

诸侯们并不见有敌人来犯,周幽王不好意思地对大家说:"烽火台很久不用了,今天演习一下,请大家回去吧!"后来周幽王又来了几次这样的"演习",诸侯就来得越来越少了。敌人真的来到了城下时,周幽王又让人燃起烽火,可是诸侯们都以为是演习,谁也没发兵来救,就像"狼来了"那个故事一样,就这样,城被敌人攻破,周幽王也死在敌人的刀下。这就是烽火戏诸侯的故事,又叫倾城一笑。

"大意失荆州"的故事说的是三国时期,当时蜀国大将关羽驻守在荆州。荆州在长江边上,是有名的战略要地。关羽要北上去打魏国,也就是曹操,他又怕邻近的东吴,也就是孙权乘机偷袭荆州,就在江边上筑了一座烽火台。这样,他和魏国交战时,只要看见烽火台有狼烟冒出,就知道吴国人在袭击荆州,可以立即回兵去救。这个想法其实很不错,他以为是万无一失了。谁知东吴大将吕蒙采用了书生陆逊的计谋,让士兵化装成商人,穿着白衣服,向蜀兵要求去烽火台下避风浪,袭取了荆州。关羽没见狼烟,还以为家里太平无事呢,岂不知已经让人断了归路,这才有后来的败走麦城。这个故事也叫"白衣渡江"。

以上这些是最原始的传递军事情报的方法。后来为了使情报在传递过程中更安全就又产生了密码。

密码可以说是随着战争而产生的。为了保证军事机密的安全,在传递过程中把信息加以改造,收到以后再按已知的特定规律还原,这就是密码通讯。在今天,密码的应用早已不仅限于军事了,在政治、经济、金融、生活等各方面都有应用。密码的制作和解密过程说穿了就是数学运算的过程。当然,随着解密的技术越来越高,密码也越来越复杂。因此,无论是设计密码还是破解密码,都需借助复杂的数学和统计技术,要使用强大的计算设备,电子计算机是必不可少的。

密码的使用和破解在某种程度上决定了战争的胜负。这其中最典型的例子就是第二次世界大战中,美日之间的中途岛大海战。当时美军破译了日军的密码,完全掌握了日军的兵力部署和作战意图,制定了有效克敌的作战方案,从而大获全胜。正因为密码如此重要,各国都不惜花费大量的人力物力用在密码的设计和破译上,这么做也就不足为奇了。

密码是什么东西呢?怎么制作呢?让我们从最简单的密码谈起吧!

　　最早的军事密码据说是古罗马帝国恺撒大帝用过的,因此叫恺撒密码。恺撒密码有两种版本。

　　一种是最简单的。他将每一个英文字母的排序都向后串三位,也就是每个字母都用其后的第三个字母来代替。例如,*a*就用*d*来代替,*b*用*e*来代替,*c*用*f*来代替等等。这样,在收到情报的时候,再按上述一一对应关系找到应找到的字母,情报就自然译出来了。

　　这种密码在今天看来,初级得几乎连小孩子都能破译。不过在两千多年以前,又有几个人会想到密码的事情呢?

　　恺撒密码的第二种方式是把从*a*到*z*的26个字母编上从0到25的号码。比如,*a*是0,*b*是1,*c*是2等,然后再从0到25中任选一个数,比如3,把上述字母编号加上这个数(比如3),再用26除,求得它的余数,即为新号码。收到情报后也按此规律找到它们一一对应关系就行了。

　　这样很有规律的密码是很容易被破译的。要想编制比较难的密码可以把每一个字母也用其他字母代替,但不像上面的恺撒密码那样有规律。要破译这样的密码就要费些事了。通常是先找出情报中每个字母出现的频率,然后根据频率的多少先确定出最常用的字母。

　　法国密码专家维吉利亚在恺撒密码的第二种情况的基础上又加上一个英语单词做密码。即把这个单词的每个字母也用数字标好,再将这组数字也对应地加进去,然后如第二种方法一样地处理,这样保密性就大大加强了。

37.密码风云

1978年,数学家发明了一种称为PSA的密码。这种密码编制时用到了两个大素数(任意选取的)。而解密时需要反过来从这两个大素数的积分解成这两个素数,这大约得进行$12×10^{23}$次运算才行,以每次运算需10^{-6}秒计算,便需$3.8×10^9$年。可见这个保密程度是很高的。

同年,发明PSA密码的人在《科学美国人》公布了一则密文,并且公布了密钥——两个大素数的积,悬赏100万美元征求解密者。后来,600多名计算机专家,动用了1600台计算机,持续工作了8个月,终于把这个积(一个129位的自然数)分解成了两个素数之积。解密终于成功了!但事后参与此项工作的科学家感叹道:"就是找到在空中可以步行的方法也比干这件事容易些!"

随着生命科学的发展,又出现了一种DNA密码,可以把信息藏在人体的DNA中。道理是这样的:

人体的DNA是由A、T、C、G四种碱基组成,每段DNA中包含上亿对碱基对,这四种碱基的排列方式会有无穷种。取下一个人体细胞,分离出里面的DNA,然后将DNA上大约100个碱基对的顺序重新排列,将信息隐藏在其中。例如三个A排在一起即表示"紧急"……由于DNA上的碱基对数量巨大,隐藏在其中的这100个碱基对很难被发现,而要破译这种密码不仅需有传统的破译技术,还要有生物化学方面的专业知识。

在当今网络化的时代,网络安全越来越成为大问题。一些黑客攻击重要部门和国际大企业,实际上就是破译了计算机网络用户的密码。在未来可能发生的国际战争中,这种黑客式的攻击方式也是不可避免的。

课堂对对碰　　密码

💡思考空间　你能自己编一则密码让其他同学破译吗?

38. 战争中的数学

现代战争不仅是综合国力的体现,也是科学技术的集中体现,这其中少不了数学这个重要角色的参与。不要说各种武器中的数学运用,也不用说弹道和测量方面的数学运用,单就指挥决策,也少不了数学。

1991年的海湾战争是战争史上一次划时代的战争,它不仅标志着刺刀手榴弹的时代已经彻底过去,也体现了一种在高科技情况下的前所未有的战争模式。众多大型武器间超远距离协同,没有现代的数字化信息技术是不可能实现的。当DSP卫星发现目标后,向澳大利亚地面站发送警报,又经美国本土的延山指挥所把信息发给利雅德指挥中心,然后命令"爱国者"导弹操作员进入战位。这在半个地球上所发生的事情几乎瞬间完成,而这些都离不开数学的运用。

该次战争中伊拉克方发出威胁,要点燃科威特全部油井。这个后果是严重的:遮天蔽日的烟尘会使气温急剧下降,弄不好会造成全球性气候的改变,造成严重的经济后果,严重威胁生态平衡。为了估计这个后果,美方委托一家公司研究这个问题。该公司结合流体爆炸后巴格达上空的情况,建立了力学方程及热量传递方程,利用数学模型,经过计算机仿真,得出结论:后果虽然是严重的,但也仅限于海湾地区、伊朗南部、印度和巴基斯坦北部,不会产生全球性后果。这个结论帮助美军下了决心。

所以,海湾战争在某种程度上说是一场数学战争。

从这个例子我们可以看出,通过数学手段有时会对对抗的结果进行分析和预测,这可以为指挥人员提供参考,帮助他们下决心。至于飞机投弹命中率,大炮弹着点,鱼雷发射角度等作战中的问题对数学的运用更不用提了。

有意思的是战争与我们前面所说过的黄金数也颇有关系。请看下边几个例子:

1. 古代马其顿帝国与波斯帝国的阿贝拉之战。马其顿帝国的亚历山大,把他的攻击点选在了波斯军队的左翼和中央的结合部,结果大获全胜,而这个部位恰好处于整个战线的黄金点上。

2. 战史学家们曾惊奇地发现,在1942年6月开始的苏联卫国战争中,战场的转折点——斯大林格勒战役正好发生在战争爆发后的第17个月,而这正是德军由盛转衰的26个月时间轴上的黄金点。

3. 1991年的海湾战争中,美军在发动地面进攻之前,摧毁了伊拉克军队4280辆坦克中的38%,2280辆装甲车中的32%,3100门大炮的47%,使伊军总战斗力下降至60%,这正是军队丧失战斗力的临界点,也接近0.618。

当然以上例子可能都是巧合,不过,0.618这个黄金数的确是挺神奇的。

数字化战争

你还知道哪些大规模的数字化战争吗?

39.足球场上的数学

　　"冲出亚洲,走向世界"是中国足球多年的梦想。2002年,中国足球终于迎来了一次机会。这年6月,中国足球首次在世界杯赛场上亮相。中国球迷为此欣喜若狂,期盼着实现"0"的突破!然而,命运之神却偏偏捉弄了中国球队,让他们与进球失之交臂。球门立柱两次捉弄了中国队,彻底击灭了中国人的梦想。中国对巴西第61分钟时,马明宇直传给肇俊哲,肇俊哲得球后用一个横拨变线漂亮地闪开了对方球员卢本奥,在门前17米处起右脚射门,球击中右门柱弹出。另一场,中国对土耳其第28分钟时,中国队员郝海东底线传中,杨晨在距球门10米处凌空一脚,球又砸在右门柱上弹出。至此中国队实现"0"的突破的愿望彻底破灭!

　　分析这两个球为什么差一点入门而最终却未能进?原因是多样的,但不能排除射门时不在最佳位置上的可能。

　　如图,MN为球门,我们研究在AB两点射门的情况。在A点射门时与球门形成$\angle MAN$;在B点射门时,与球门形成$\angle MBN$。$\angle MBN$为$\triangle MAB$的外角,所以$\angle MBN > \angle MAN$。

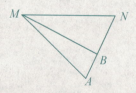

　　对球门$\angle MAN$的张角越大,把球射入球门的几率就越高,因此,在B点比在A点更容易进球。

　　相对于球门MN来说,张角位置相同,在同样情况下进球的可能性是一样的,这些点被称为射门等效点,而射门等效点的连线叫做射门等效线。那么,射门等效线在哪里呢?

我们从平面几何中知道:同一条弦上所对的圆周角相等,而这个圆周角上轨迹就是MN所对的圆弧$\overset{\frown}{MON}$,这就是一条射门等效线。如图,在O点和在P点对球门的张角是一样大的,所以在此两点把球射入球门的几率是一样的。

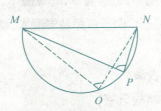

把足球场设上坐标:以长为x轴、宽为y轴,球场的一角(x与y的交点)为坐标原点,把球场分成几个区域,这样利用解析几何就可以求出不同区域中的最佳射门位置了。这当然是在最理想情况下计算的,其中也包括空门的情况。

三角形外角

💡思考空间

自己画一画球场中的最佳射门位置。

40.数学魔术

魔术好像已经有了几千年的历史。迄今为止,魔术更是花样翻新,种类繁多,什么手彩魔术、微型魔术、纸牌魔术、心理魔术、社交魔术等。数学魔术也是魔术的一种,下面的三个例子就是数学魔术,请大家欣赏。

1. 宴会牙签魔术

该魔术在餐桌上可以表演。

让观众每人准备20~25根牙签,然后,表演者背过身去,看不到观众的任何动作,接着他吩咐道:"先请大家从准备好的牙签中,随手拿出几根放进自己的口袋,拿出牙签的根数一定要在6~10根之间。好,接下来,请大

家看看桌面上还剩几根牙签。它肯定是一个两位数。现在你把这个两位数的十位数和个位数相加,得出一个和数。然后再从桌面上剩余的牙签中取出等于这个和数的牙签放入口袋。最后,你再从桌子上剩余的牙签中任意取出几根来,装在手心里。

好! 你们大家都做完了吗 ?那我转过身来了,让我猜猜你们各自的手心里装了几根牙签!

这时保证都能猜中,为什么呢?

原来,完成第一个步骤之后,桌子上的牙签数一定在10~19根之间 (因为从最多的25根中去掉最少拣掉的6根,余19根;从最少的20根中去掉最多拣掉的10根,余10根),即可能是10、11、12、13、14、15、16、17、18、19。

而这些数有一个特点,即用它们的个位数与十位数的和去减这个数的本身,最后都等于9。如:10,10- (1+0) =9;11,11- (1+1) =9;19,19- (1+9) =9。

所以魔术的第二个步骤完成之后,所有人桌面上的牙签都是9根。

再经过第三步：从这9根里拿走几根放到手里。这时表演者只要回头看看桌面上还剩几根牙签，就一定知道藏到手中是几根了，因为它们的和总是9。

2. 巧猜扑克牌

这个魔术是这样进行的：

第一步　把54张牌洗过；

第二步　把全部牌正面朝上，一张张地按顺序数出30张，翻面扣在桌上。在数这30张牌时，表演者牢记第9张牌(花色与点数)；

第三步　从手中剩余的24张牌中，请观众任取1张。若该牌点数为10、J、Q、K之一，则算为10点。把这些牌正面朝上放在一旁，算作第一列。若此牌点数小于10(假定为a_1)，则将此牌正面朝上放在一旁，并且从手中任取$10-a_1$张牌，正面朝下放在此牌下面，作为第一列。然后，再请观众从手中的牌里任取一张，依上述方法组成第二列；最后再请观众从手中任取一张，重复上述方法组成第三列。若此时手中牌不够，则从桌上已放好的30张中补足，但必须从上至下地取牌；

第四步　求上述三列的第一张牌的点数之和：$a=a_1+a_2+a_3$；

第五步　表演者若此时手中还有余牌，则从手中牌数起，数定后再从放在桌上的30张牌的第一张开始接着数下去(如果手中已无剩牌，则直接从桌上剩下的那些牌中的第一张数起)。这样一直数到第a张，此时就可以准确地猜出这张牌的花色与点数。

这张牌的花色与点数实际上就是开始数30张牌时记住的那第9张牌的花色与点数。

这个魔术的道理很简单：

三列牌的张数分别为

$1+(10-a_1)$

$1+(10-a_2)$

$1+(10-a_3)$

三列牌的总张数即为

$A=3+(10-a_1)+(10-a_2)+(10-a_3)$

$=33-(a_1+a_2+a_3)$

$=33-a$

因为这三列牌都是从手中那24张牌中出的,所以,此时手中剩牌数

$B=24-A$

因为$B+9=24-A+9=24-33+a+9=a$

所以,从手中剩下的牌数起,这时的第a张牌恰好是一开始数出的那30张牌中的第9张牌。

3. 转轮骗术

我们在人员杂乱又比较热闹的地方,大都见过一种转轮游戏。在水平方向上放着一个固定不动的圆盘,圆盘上有用不同颜色划分出的扇形区域,并且依次编上号码:1、2、3、4……,在每个奇数区域上放上值钱的东西,如名烟、名酒等,而在偶数区域上放上廉价的物品,如糖块、橡皮等。在圆盘中心竖立着一根可以转动的轴,轴上安着一根悬臂,臂端吊着一条线,线头上系着一根针正好指向下边圆盘上的扇形,如图。

40.数学魔术

玩的法则是这样的:当你付钱以后,你就可以转动悬臂,当转动停止时,针就指向某一个扇形区域,这个区域上的数是几,你就从下一格起,按顺时针方向向下数几个格,这个格的物品就是你的所得。例如,当悬臂停下时,针指向的是第7格,那么你从这个格的下一格开始数7个格,正好是第14格,是偶数,是放廉价物品的格。

总之,不管你怎么转动悬臂,也不管针指向哪个格,反正你最后得到的都是廉价物品。这是为什么呢?

你原以为圆盘上奇数格与偶数格总是相间的,数目基本相同,这样输赢的几率也应该差不多。其实不然,它的奥妙就在后面加那个数上。这个数正好与针指的格的号数相同。如果这个号数是奇数,那么后面相加的与它相同的数字当然也是奇数。奇数加奇数为偶数,于是最后数到的扇形的标号自然是偶数;而如果针指的是偶数格子,那么向后数的格子也是偶数,偶数加偶数还是偶数。总之,依照这样的规则你最后数到的总是偶数格子,就只能得到廉价物品了。

相反的,如果不是这样数,而是从针指向的那个格子数起,那最后都是奇数了,当然设摊的人是不会这样傻的。

课堂对对碰

奇数 偶数

思考空间

你还知道什么数学魔术吗?

41.数学与文化

现今社会文化是个时髦的名词，什么东西前面都可以加上"文化"二字，仿佛没有"文化"二字就没有档次。诸如"饮食文化"、"啤酒文化"、"茶文化"、"企业文化"等。那么数学前边是不是也可以加一个"文化"呢？其实数学与文化还是真有渊源的。不说别的，就是在我们日常语言文字当中即可见一斑，此处聊举几例：

1. 半斤八两：中国古代的秤是十六两为一斤。所以半斤即为八两，八两即半斤，意思就是旗鼓相当。但这是个贬义词，所以是指两个人差不多，谁也不比谁好多少。

2. 十五个吊桶打水七上八下：多么形象！用来形容人忐忑不安的心情，再恰当不过了。

3. 十拿九稳：指做事情的成功率已达到百分之九十或百分之百了。用来形容把握性很大。

4. 一不做二不休：在数学上，二是一的后继。在这里表示做了一件坏事，索性再干第二件坏事。

5. 一百八十度大转弯：一百八十度是平角，指一个人突然改变了方向，新的方向与原来的方向成平角，方向正好相反。也就是指他的新观点或新方法与原来的观点或方法正好相反。

6. 一问三不知：在前面我们讲过，古人把三看作一个大数，这句话的意思就是说问他什么都说不知道。

在成语中也有许多带数字的。比如：以一当十、千军万马、一心一意、三心二意、七嘴八舌、横七竖八等。

古代诗歌中用到数字的情形就更多了，比如杜甫的名句：

两个黄鹂鸣翠柳，

一行白鹭上青天。

李白的名句：

飞流直下三千尺，

疑是银河落九天。

诗坛大家尚且对数字如此青睐，其他的诗人就更不必说了。比如，宋朝邵唐写的《蒙学诗》：

一去二三里，烟村四五家，

亭台六七座，八九十枝花。

作者在短短四句诗里就用全了一到十的十个数字，恰当地表现了自然的美景，不仅琅琅上口，而且甚富情趣。

相传清朝乾隆皇帝下江南时看见一幅渔翁垂钓的情景，便命随行的大臣纪晓岚作诗一首，诗里面必须有"一"字。纪晓岚才思敏捷，很快就作出来了。这首诗是：

一丈长竿一寸钩，一蓑一笠一扁舟，

一天一地一明月，一人独钓一江秋。

短短的28个字中竟连用了10个"一"字，而且情趣独具。这首诗由于构思奇特，后来诗人多有仿作。比如就有这样的诗：

一帆一桨一渔舟，一个渔翁一钓钩。

一俯一仰一顿笑，一江明月一江秋。

可是读起来总觉得与纪晓岚那首相去甚远。而且纪晓岚那首诗中虽然是写的渔翁垂钓，但是不仅"渔翁"二字没有出现，就连个"渔"字也没出现。可是这首仿作，不仅"渔翁"出现了，而且连着出现两个"渔"字，这是败笔，足见纪晓岚的文学造诣高深。

相传这首《芦花飞雪》是乾隆皇帝所作的数字诗：

一片一片又一片，两片三片四五片，

六七八九十来片，飞入芦花都不见。

你可能也听说过"唐诗、宋词、元曲"的说法。说的是我国古代唐朝诗歌最发达，像李白、杜甫、白居易都是唐朝的。而宋朝"词"的创作比较繁荣，像亡国之君李煜、女词人李清照都是这个时代的人。元朝戏曲很发达，也就是元人杂剧，像《窦娥冤》、《西厢记》等都是这个时候的作品。元朝有一首曲子叫《雁儿落带过得胜会》很有意思，全曲竟一下子用了22个"一"字：

一年老一年，一日没一日，一秋又一秋，一辈催一辈。一聚一离别，一喜一伤悲。一榻一身卧，一生一梦里。寻一伙相识，他一会咱一会，都一般相知，吹一会唱一会。

把作曲人的伤感表现得淋漓尽致。

前面说的基本都是古代的事情。数学发展到了今天，特别是电子计算机出现以后，数学与文化之间的关系更密切了。机器人绘画、机器人作曲，甚至连机器人写作都出现了。但是，机器人能不能成为真正的艺术家呢？回答是：不可能！

因为计算机采用的是逻辑线路，它的"思维"是逻辑思维，不可能有心理活动，也不可能有情感。而艺术家的创作靠的是形象思维，创作的是以审美为目的的精神产品，是必须有情感参与的心理活动。但是在文学艺术的研究中,数学手段,特别是模糊数学的手段被越来越多地应用着。

大家都知道古典文学名著《红楼梦》,但是关于它的前八十回和后四十回的问题却一直争论不休。有人说,前八十回是曹雪芹写的,而后四十回是高谔续写的,还有人说这一百二十回实际上都是曹雪芹一个人写的。为了探讨前八十回与后四十回究竟是不是同一个人写的,数学家们设计了一个实验:把《红楼梦》前八十回的习惯用语与后四十回的相同用语进行比较,看相符合的几率有多少?他们设计了程序,由计算机来完成这项工作。

音乐与数学的联系也很多。最明显的例子就是简谱,它就是用从1到7这7个阿拉伯数字来表示的。这样看来,作曲倒像是个排列组合的问题。许多年前,前苏联莫斯科的一位中学生声称她算出了多少年之后,将没有新乐谱出现,也就是说作曲家作出的曲子都将是以前曲子的重复。这从道理上来说好像是可以算的,不过过程应该很复杂,因为乐谱不仅是1至7这7个数的排列组合问题,还有许多其他的说道。比如,节拍呀,延长啊,高低音什么的。不信,你可以尝试一下。

排列组合

🔍思考空间

大家试着算一算从1到7这7个阿拉伯数字组成的7位数究竟有多少个?

42.数学与医学

数学与医学的关系是很密切的。我们只需看一看医学诊察中所用到的仪器,诸如心电图、超声波、CT及核磁共振等,这一切就很清楚了。

1895年,物理学家伦琴在研究阴极射线所引起的荧光现象时偶然发现了X射线。从此,人们可以不用开刀就可以看到身体内部,特别是骨骼的情况。X射线透视应用了一百多年。但是,X光片有时清晰度太差,特别是对人体软组织器官几乎无能为力,于是出现了经过数字化处理的CT及核磁共振等。与它们直接成像不同的是心电图和脑电图,它们是怎么用来诊断的呢?

原来,它们都是通过测定人体活动电流来进行工作的。心电图、脑电图诊断都是把人体的电脉冲转化为正弦曲线,通过观察和比较曲线的形状、振幅和相位移来做出健康与否的判断。

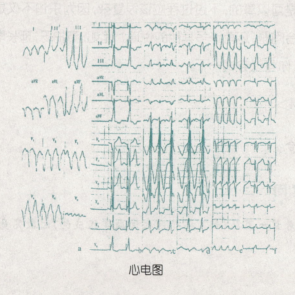

心电图

正常的心脏产生的活动电流随时间发生有规律的周期性变化,一个周期的波形由5个主要波构成,每部分波可以表明心脏某个部分的运动。当心脏的哪个部分出了问题,相应部分的波形就会改变。

脑电图与心电图的原理是一样的,只不过脑电流比心电流活跃得多,因而脑电波要比心电波复杂,但仍然具有周期性。

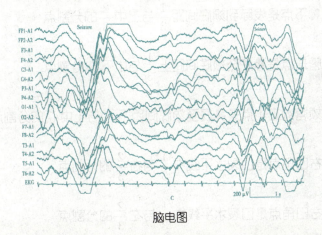

脑电图

脑电和心电的运动都可以用数学函数来表示,这些函数的视觉化就是波。

随着人们对美的不断追求,近些年来医学美容成了热门行业,它同样也离不开数学。不久前,美国人把"黄金分割"比例用到人体上,寻求美的验证,有的甚至用来指导医学美容。我国医学美学专家在研究"黄金分割"与人体关系时,发现体形健美的人的外观结构中有14个黄金点(短段与长段的比值为0.618)。

它们是:

(1)肚脐是头顶至足底的分割点

(2)咽喉是头顶至肚脐的分割点

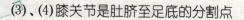

(3)、(4)膝关节是肚脐至足底的分割点

(5)、(6)肘关节是肩关节至中指尖的分割点

(7)、(8)乳头是躯干纵轴上的分割点

(9)眉间点是发际至额底距上$\frac{1}{3}$与中下$\frac{2}{3}$的分割点

(10)鼻下点是发际到额底间距$\frac{1}{3}$与上中$\frac{2}{3}$的分割点

(11)唇珠点是鼻底至额底间距上$\frac{1}{3}$与中下$\frac{2}{3}$分割点

(12)颏唇沟正中点是鼻底至额底间距下$\frac{1}{3}$与上中$\frac{2}{3}$的分割点

(13)右口角点是口裂水平线左$\frac{1}{3}$与右$\frac{2}{3}$的分割点

(14)右口角点是口裂水平线右$\frac{1}{3}$与左$\frac{2}{3}$的分割点

当然,以上仅是研究者个人认识,也仅是一个参考数值。实际上人体美除了恰当的比例外,还与种族,地域以及个体差异有关系。

整容医学越来越发达,有一个令人担心的问题出现了:人的模样将来能不能变成一个样了呢?譬如,女人都喜欢好莱坞影星嘉宝,男的都喜欢阿兰·德龙。那么能不能通过基因改造或医学美容,女人都弄得像嘉宝,男人都像阿兰·德龙了呢?我曾经写过一篇科幻小说,说的就是这个问题。

故事说,我们去某个星球访问,星球上的高级生命——也叫做"人"吧,接待了我们。这个星球上的人都爱美,就像我们刚才说的一样,所有男人都变成了一个模样,所有女人也都变成了一个模样。我刚和一位部长握过手,可转眼间就认不出他来了。这时有人喊:"抓小偷!"可小偷一下子混到人群中,就再也没办法辨认出来了。这个星球上治安很不好,搞了几次"严打"也无济于事。想发身份证吗?也没有办法,大家的照片都是一样啊。有人想到用肺部X光片代替照片印到身份证上,可那也太费事了:要想核对一个人的身份还得做X光透视。

你看,什么事情做到极端都会有问题,美容也是一样!

X射线　正弦曲线

🔍思考空间

看看心跳快的人与心跳慢的人的心电图的区别在哪里?

五光十色的数学

43.数学与彩虹

英国数学家兼诺贝尔文学奖获得者罗素说过："数学，如果你能正确地看待它，就会发现它具有一种至高无上的美，一种冷色而严肃的美。这种美没有音乐或绘画那般华丽的装饰，它纯洁到了崇高的地步，达到了只有最伟大的艺术才能显示的那种完美的境界。"伟大的艺术家罗丹也曾经说过："世上不是缺少美，而是缺少发现美。"事实上，数学并非那么枯燥，也并非那么艰涩而令人望而生畏。如果你不仅仅在意它的那些公式和运用那些公式，你就可以发现它到处都存在着美。

雨后的晴空往往挂着一道绚丽的彩虹，这当然是太阳光与空中水珠们作用的结果。赤橙黄绿青蓝紫，像一座七彩的拱桥，多么美丽啊！可谁又知道它竟然和数学也有着某种关系呢？

彩虹综合了除黑色和白色之外的一切日常所见的颜色，对于这些美丽的颜色可以用照相机和摄像机来记录。可是，如果没有这两种机器，而仅凭人们口头或书面该如何表述这些颜色呢？就拿绿色来说吧，人们常常会说这是墨绿的，这是翠绿的，这是葱心绿的。这实际上是一种近似的描述，是拿一种绿来形容另一种绿。墨绿当然是指深一点的绿色，翠绿是指像翡翠一样的绿色，而葱心绿的意思就更加明了了。可是，你一定注意过，同样是翠绿也有色深色浅，同样是葱心的绿色也是深浅不一。那你所说的绿究竟是哪一种呢？所以，这种对颜色的记录和描述只能是一种大概或者说是近

152

似而已,而就是这种大概或近似的描述也是有依赖的和非本质性的。它紧紧地依赖着人们的生活积累和记忆。曾经有一篇描写盲人生活的小说,小说作者说他非常苦恼两件事,那就是他无论如何也弄不清什么是"曲折的回廊"和"绿色的长椅"。那是在一个风和日丽的夏天,他和一个朋友来到公园,途中他的朋友向他介绍了这两件东西。这位盲人真的很不幸,从小就失明,从来没见过什么绿色的东西和曲折的回廊之类,从没有过这些生活的积累,他也就无法把那两句话与这些联系起来。

现在我们也应该明白小说与电影电视有什么不同了吧?电影电视是把三维的画面和声音直接传送给你,使你一目了然。而小说则要通过那些文字(实际上就是符号)激发起人们对已有生活积累的联想,从而想象出所描述的情景。我们在读小说的时候并不觉得,可这实际上是一个非常复杂的过程。由此你也就不难理解为什么在现今的年代,电影电视取代了小说曾经辉煌的地位,而使它备受冷落了。

现在还是回过头来说我们的颜色吧。那么,究竟如何记录颜色才是最真实可靠的呢?那就是要用波长。

我们早已知道,光是一种电磁波。既然是波,它就有波长和频率。不同波长的光波有着不同的颜色。例如,绿光的波长是5200 Å(埃)。而在可见光中,波长最短的是紫光,它的波长是4100 Å,波长最长的是红光,它的波长是7100 Å。

其中,埃(Å)是长度单位,1埃$=10^{-8}$厘米。

课堂对对碰

埃(Å)　波长

?思考空间

你知道黄光的波长是多少吗?

44.数学与人体美(一)

美是客观存在的,但人们的审美往往也受到民族、时代等因素的影响,人体美也不例外。中国古代有个美女叫赵飞燕,身轻能做掌上舞。而唐朝却是一个追求肥美的时代,即以肥为美。今天我们看到出土的唐俑,还有唐朝的壁画,那上面的仕女真的一个个都那么雍容华贵。中国四大美女之一的杨贵妃(杨玉环)就是一个胖美人。所以自古以来就有"燕瘦环肥"的说法。那时没有暖气,更没有空调,冬天室内也是挺冷的,杨贵妃的哥哥杨国忠就挑选一些肥硕的宫女围在他的身边,以此取暖呢!

风水轮流转,时间到了今天,人们又开始追求以瘦为美了,想尽办法减肥,甚至有人追求骨感美。然而,不管是以胖为美还是以瘦为美,美还是有客观标准的,那就是对称、比例与和谐。

对称、比例都是数学概念,而和谐通俗点说就是看着顺眼。对称了,比例也合适了,那看着就会顺眼的。因此,对称、比例与和谐是统一的。

我们先说说对称,即人体美为什么要对称?美学里面有三个重要的名词叫真、善、美。什么是真呢?通常我们把合规律性就叫做真,而善是合目的性。既合乎规律了又合乎目的了自然就美了。

规律有很多,地球上的一切物体都要受重力(也就是地球吸引力)的作用,而作用力的方向是垂直向下(或说指向地心),这就是一个规律。由于有这个重力的作用,人体应该是轴对称的(其实不光是人,其他一切动物也应如此),即以鼻子和肚脐眼的连线为对称轴,不然人就容易倾倒。这就是跛子为什么得拄拐棍,而且形象也不美的道理。

人体的重心在哪里?基本是肚脐眼的位置。这用悬挂法就能测量出来(如果人也可以悬挂的话):选取人身体上两个不同位置,分别在这两个位置拴上绳子,将人吊起来。然后分别从这两个点(位置)向下作一条铅直线,那么,这两条直线的交点就是人体重心的位置。人在走路的时候,这个重心就在两腿之间移来移去,以保持身体平衡。

其实不仅人身体是对称的,人的衣服和许多用具也都是对称的。当然也有例外,有人喜欢把两只鞋子的颜色弄成不一样的,叫做"不对称美",还有喜欢女人眉心或者腮边长的痣,叫做美人痣,说这是"缺陷美"。其实这无非是吸引人的眼球,引发人们心理活动的现象,因为美感就是一个心理过程。

近百年来,许多人热衷于对外星生命的寻找,甚至发现了许多UFO(不明飞行物)。那么,如果真的有外星生命的话,他该是什么样子呢?一种可能是他没有固定形状,像液体可以流动一样,因容器的形状而改变形状;也有可能像气体,充斥于他所存在的空间。另外一种极有可能的就是像我们人类一样有一  个固定的形状。那他究竟会是什么模样呢?这个问题我们真的无法说清,但有一点是可以肯定的,即他们的肢体应该是对称的,以应付星球的引力,为了瞭望远方,他们的探测器(我们权且也叫它眼和耳吧)和头应该长在身体的上方。如果他是一个庞然大物,那他应该生活在水里,用浮力平衡一下自己的体重。

对称 比例

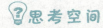

你能想象出最奇特的外星人是什么样子吗?

45.数学与人体美(二)

前面我们谈过了人体美与轴对称的问题,现在再来说说人体美与比例的问题。

模特无疑是现代青年(特别是女性)崇尚的时髦职业。可是模特不是人人都能做的,它对于身材以及身体各部分的比例要求很高,这击碎了许多女孩子的梦想。欧洲文艺复兴时期的科学与艺术巨匠达·芬奇曾为一本叫《神圣的比例》的书做了一幅插图,表明了人体结构中的最佳比例。他还以头为单位说明美的人体的各部分比例。

据说这个比例在今天挑选模特的工作中还在使用。他的笔记中也记载了对于人体比例的研究。他写道:一个人伸直双臂的长度应等于他的身高;人的肚脐应位于身长的0.618处。

0.618在数学里被称做黄金数,与它相关的线段分割称为黄金分割。

黄金分割最早是由古希腊哲学家柏拉图的学生欧多克斯提出来的。他想,能不能把线段分为不相等的两部分,使较长部分为原线段和较短部分的比例中项?

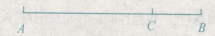

$$A \qquad\qquad C \quad B$$

如图所示,如果线段AC符合上述要求,

则有$AC^2 = AB \times CB$

由于$CB = AB - AC$

则有$AC^2 = AB \times (AB - AC)$

$AC^2 = AB^2 - AB \cdot AC$

设AC为x,AB为l

则$x^2 = l^2 - lx$

解得 $x_1 = \dfrac{\sqrt{5}-1}{2}\ l$， $x_2 = \dfrac{-\sqrt{5}-1}{2}\ l$(不合题意,舍去)

即 $AC = \dfrac{\sqrt{5}-1}{2}\ l = 0.618\ l$

这个分割值0.618即为黄金数。

黄金比例的确是个奇妙的比例,在艺术家的心目中,它简直就是美的象征。早在1525年德国艺术家兼数学家丢勒就充分吸收了黄金分割几何意义上的比例法则,提出短边与长边之比为 $(\sqrt{5}-1)/2$ (即0.618)的矩形是最美的。为了证实他的设想,在十九世纪中叶,德国心理学家费希纳做了一个实验,他展出了一批精心制作的矩形,要求参观者选出自己认为最美的矩形,结果有4种矩形被选中,而这4种矩形的宽长比都恰巧接近黄金数。以后人们把这种宽与长之比接近0.618的矩形称为黄金矩形。

这种奇异的比例被艺术家们运用到了创作中,并取得了非凡的成功。达·芬奇的不朽之作《蒙娜丽莎》就是按照黄金比例来构图的。艺术家们发现,按0.618来设计腿长与身高的比例,可以使形体最美。而实际上人的形体远远满足不了这个比例,一般只是0.58左右。著名的古希腊雕塑“维纳斯”和“阿波罗”等都是通过延长双腿来增加美感的。现代高跟鞋的产生也为女性带来了美感和自信。穿上它身体就会前倾,为了平衡这种前倾,人就必须挺胸抬头迫使重心后移,结果人就显得挺拔了。然而,我们了解了黄金分割之后你会发现,高跟鞋的作用不仅能使人显得挺拔,更重要的是起到了雕塑家创作维纳斯和阿波罗时延长双腿的作用,加大了人的双腿与身子的比例,使其靠近0.618。

 比例中项

💡思考空间 试着找一找不朽之作《蒙娜丽莎》中的黄金比例。

46.黄金分割与建筑美学

　　十七世纪欧洲著名天文学家开普勒说过:"几何学有两个宝藏,一个是毕达哥拉斯定理,一个是黄金分割。"足见黄金分割举足轻重的地位。为此,本节将对它及其应用再做一些介绍。

　　黄金分割与建筑美学有着很深的渊源。早在两千多年前的古希腊就已经把黄金分割用于建筑实践。始建于公元前447年的巴特农神殿就是应用黄金矩形的典型例子。这座用来纪念女神雅典娜帮助雅典人战胜入侵的波斯人的宏伟建筑全部由大理石砌成,长80米,宽34米,是世界上最对称的多利克式建筑。殿内有高约12米的排列整齐的石柱,是现存世界古建筑中最具均衡美感的佳作。

巴特农神殿

　　位于法国巴黎市中心的埃菲尔铁塔也是按照黄金矩形建构的。这座为庆祝法国资产阶级大革命一百周年而建造的永久性纪念物,于1887年11月26日动工,1889年3月31日竣工,占地12.5×10^4平方米,高320.7米,重约7×

10^6千克, 由18038个钢铁部件和250万颗铆钉铆接而成。这个庞然大物是近代建筑史上的一项重大成就, 它把人工建筑物一举推进到三百米以上的高度。

埃菲尔铁塔

黄金分割或黄金数有许多奇妙的特性。

例如, 从黄金矩形上一刀剪掉一个正方形, 得到的矩形仍为黄金矩形。

设一黄金矩形长为a, 宽为b, 则a、b满足

$$b^2=a(a-b)$$

一刀剪掉一个正方形后, 得到新的矩形长为b, 而宽则为$a-b$。现在只要证明存在$(a-b)^2=b[b-(a-b)]$就行了。

由$b^2=a(a-b)$, 可以得到

$$(a-b)^2=a^2-2ab+b^2=a(a-b)-ab+b^2$$

$$=b^2-ab+b^2=b(2b-a)$$

$$=b[b-(a-b)]$$

可见新矩形仍为黄金矩形。不仅如此,如果再一刀剪掉一个正方形,仍然会产生一个更小的黄金矩形。我们如此逐次地剪下去就会得到面积单调减少的一个黄金矩形的无穷序列。

黄金数0.618也十分有趣,它的倒数是1.618,因此,0.618×1.618=1。

现在黄金分割的运用相当普遍。譬如我们的窗户和书本的形状大都符合黄金分割。我们许多矩形的日用品其长宽的比例也大都接近于黄金分割。生活中也还有着许多与黄金分割有关的未解之谜,譬如,人最感舒适的环境温度大约是22 ℃,而这个数也差不多是人正常体温的0.618倍。

黄金分割是自然界留给人类的关于美的未解之谜。它为什么这般神奇?它的背后应该有一个更为普遍的规律,是什么呢?这也许是在宇宙形成之初就已规定了的。

黄金矩形

💡思考空间

埃及金字塔也是按照黄金比例建造的吗?

47.对称无处不在

古希腊哲学家亚里士多德说:"美是对称、美是比例、美是和谐",他的这个关于"美"的定义虽然不全面,但也道出美的事物的一些要素。前面我们已经谈过了人体美与对称的关系,其实作为构成美的要素的对称是无处不在的。

我们先看看数学吧!数学本身就有着许多对称:

从广义上说,代数中的正数与负数,三角形中的正弦与余弦、正切与余切、正割与余割,数论中的奇数与偶数、素数与合数等都是对称的概念。

再有,加与减、乘与除、开方与乘方、对数与指数、微分与积分等这些运算关系也是对称关系。还有函数关系、命题关系等,一对对地也都存在着对称关系。

数学中有个著名的牛顿二项式定理:

$$(a+b)^n = C_n^0 a^n + C_n^1 a^{n-1}b + \cdots + C_n^r a^{n-r}b^r + \cdots + C_n^n b^n (n \in N)$$

根据这个定理我们可以知道,当n=0、1、2、3······时的二项展开式各项的系数(当然,牛顿二项式定理中的n不仅限于整数,它可以是分数和实数)。

当n=0时为1

当n=1时为1 1

当n=2时为1 2 1

当n=3时为1 3 3 1

······

我国宋朝数学家杨辉在其所著的《详解九章算术》中就已经记录了二项展开式的系数表,并排列为下述三角形式,称为杨辉三角。你看它有多么对称啊!

$n=0$							1						
$n=1$						1		1					
$n=2$					1		2		1				
$n=3$				1		3		3		1			
$n=4$			1		4		6		4		1		
$n=5$		1		5		10		10		5		1	
$n=6$	1		6		15		20		15		6		1

有趣的是,在杨辉三角形中,除了两边1之外,每一个系数都是它上面两个系数之和。

不难看出,数学与美学是紧密相连的。

对称应该是"对立统一原理"的一种形态表述方式。对立的双方互为依存,有左就有右,有前就有后。因此,对称就是平衡,就是稳定,就是事物发展的必然。众所周知,原子是由原子核和核外电子组成的。在离子状态下,最外层的电子被称为价电子,化合价就是由价电子的数目决定的。在门捷列夫周期表中可以发现,只有在外层电子数为2或8个时才是稳定状态,这样就有了共价键的产生。以氯化钠为例,钠离子外层有1个电子,氯离子外层有7个电子,它们结合到一起外层就可以有8个电子,达到了稳定(当然也是对称)的状态,所以NaCl是稳定的。

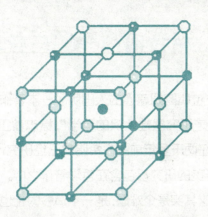

　　根据对称原理,或说是对立统一原理,有人提出在宇宙中还存在一个对称于我们现实世界的"影子世界",那里的一切都与我们的世界成镜像相反的,其物质称为反物质,如果这两种物质相遇就会湮灭。这个世界到底存不存在呢?当然,这还仅仅是一种假说。不过,人类求知探索的欲望实在是太强了,外星人还没有找到,现在又惦记着另一个世界了!

　　当然我们要记住,如果真的到了那个世界见到了与你镜像对称的人,可千万不要与他握手,因为他可是"反物质"啊,你会湮灭得无影无踪!

　　牛顿二项式定理　杨辉三角

💡思考空间

　　对称是无处不在的,你还能举出哪些例子呢?

48.柏拉图的"美"与数学

公元1750年,一位叫鲍姆嘉通的人出版了一本著作,书名为《美学》。他在书中阐释:"美学是研究感性认识的科学",标志着正式诞生了"美学"这门学科。可是有人在两千多年前的古希腊就已经研究什么是"美"了。不过那时没有美学,关于美的研究都包含在哲学著作之中。

什么是"美"?这其实是个难题,是一个迄今为止也没有解决的难题。

"美"与"美的"虽然只有一字之差,可是本质不同。"美的"是指具体的事物。什么事物美不美,正常的人都会判断。西湖是美的,桂林山水是美的,当代的大美女林志玲是美的,这些说法基本上没人反对。而"美"则是从具体的美的事物中抽象出来的一个概念。那它到底是什么?没有一个能解释一切美的事物,能够使大家都认同的一种说法。

亚里士多德说:"美是对称、美是比例、美是和谐。"这种美的定义可以解释许多具体的事物。出土的原始部落容器对称的形状、和谐的花纹也充分说明了人类很早就有了美的意识,而且也说明了他们似乎有着和亚里士多德一样的意识。可是还有另外一些,譬如《巴黎圣母院》中外形丑陋内心却美的敲钟人,譬如毫不利己专门利人的雷锋,他们的心灵美是用对称与和谐解释得了的吗?再如像一些悲壮的史诗,那不也是美吗?这也属于对称与和谐吗?

亚里士多德无法自圆其说。于是唯心主义大师、亚里士多德的学生柏拉图出场了。柏拉图说,美是一种"理式",事物本来无所谓美,只有在"理式"附加其上的时候才表现出美。我们用个比喻来理解柏拉图的意图吧:就像一种食物本来不甜,加上糖以后就变甜了。似乎糖就相当于"理式"。可是柏拉图的"理式"与"糖"有本质的不同,糖是一种物质,是客观存在,是看得见摸得着的东西,而柏拉图的"理式"却是纯粹精神的,不是某种东西,是看不见摸不着的,只有附着在其他事物上的时候才显现出来。

那"理式"究竟是什么呢?真是太难理解了。柏拉图不得不想到比喻。可是拿什么比喻呢?用盐?用糖?都不行。用颜色?可是颜料也是物质啊。于是哲学家兼数学家的柏拉图想到了"数"。"数"不是物质,不是客观存在的东西,这一点很像他的"理式"。当数独立存在的时候,它就是个"数",而当它和具体的事物结合的时候,它就有了实际的意义。譬如三只羊,五头牛等等。

柏拉图的确很聪明。

若干年以后,另一位唯心主义大师黑格尔发展了柏拉图的理论。他把"理式"赋予了他的强项——辩证法的精髓,而称作为"理念"了。

这是关于"美"的客观唯心主义的定义。

那么,主观唯心主义的呢?唯物主义的呢?这里就不再介绍了,你去看专门的美学著作吧。

课堂对对碰

美学

💡思考空间

你能说说"美"与"美的"有什么区别吗?

49.趣题几则

古今中外有许多有趣的数学题,在这里我们精选了几则,供大家欣赏。

1. 鸡兔同笼问题

这是一个我国著名的古代算题,大家可能早已听说过。该题原载于一千五百年前的《孙子算经》一书。题目是这样的:

有鸡、兔若干只,同放在一个笼子里,从上面数,共有35个头;从下面数,共有94只脚。问笼中鸡兔各有几只?

这个题如果用代数方程来解当然很容易,只要设有 x 只鸡, y 只兔子,就可以列出如下方程组:

$$\begin{cases} x+y=35 \\ 2x+4y=94 \end{cases}$$

可是一千五百多年以前人们哪里会用方程啊!这里给大家介绍一下《孙子算经》中的解法。这是一种非常奇妙的方法,对于大家的思维会有启发。《孙子算经》用的是"砍足法",这种思维方法今天称为"化归法"。解法如下:

先假定砍去每只鸡和每只兔子一半的脚。这样一来,鸡剩1只脚,那么鸡的头数和脚数就相等了,而兔子就成了两脚兔。也就是说,每只兔子的脚数比头多1,即有几只兔子就多出几只脚。这样一来就可以看出:此时脚的总数47与头的总数35的差就是多出的兔子脚数,也就是兔子的只数,显然兔子的只数是47-35=12(只),而鸡就是35-12=23(只)了。

你看吧,这种方法多么巧妙!它是基于什么想出来的呢?

2.百鸡问题

这个问题也是一千五六百年以前,我国一本数学书里的问题,书名叫《张邱建算经》。题目是这样的:

今有鸡翁一,值钱五;鸡母一,值钱三;鸡雏三,值钱一。凡百钱买鸡百只,问鸡翁、母、雏各几何?答曰:鸡翁四,值钱二十;鸡母十八,值钱五十四;鸡雏七十八,值钱二十六。又答:鸡翁八,值钱四十;鸡母十一,值钱三十三,鸡雏八十一,值钱二十七;又答:鸡翁十二,值钱六十;鸡母四,值钱十二;鸡雏八十四,值钱二十八。

这里的鸡翁是公鸡,鸡母是母鸡,鸡雏就是小鸡仔了。它们的价格分别是5个钱、3个钱和$\frac{1}{3}$个钱一只。现在用100个钱买了100只鸡,问这100只鸡中,公鸡、母鸡、小鸡仔各是多少只?

这道题可没有鸡兔同笼问题那么好对付了,就是用方程也不好解。因为三个未知数却只给出了列两个方程的条件。我们设x为公鸡数,y为母鸡数,z为鸡仔数,那么有方程:

$$\begin{cases} 5x+3y+\dfrac{z}{3}=100 \\ x+y+z=100 \end{cases}$$

这个方程组显然是没法解的。那么,书中是怎么解的呢?它没说。只给出了提示:如果少买7只母鸡,就可以多买4只公鸡和3只鸡仔。

这个问题难倒了不少人,到了1815年才有人用"大衍求一术"解决了这个问题,这里我们就不再介绍了。

3.韩信乱点兵

韩信乱点兵又叫秦王点兵或鬼谷子点兵等,但还是叫"韩信点兵"的居多。韩信是中国古代有名的大将,以善于领兵和运用计谋著称。在楚汉相争中,刘邦用韩信做元帅才最终打败了力拔山、气盖世的项羽。相传韩信点兵的过程是这样的:

他先让士兵排成三路纵队在他面前走过，这时他看到排尾剩下2个人；又让士兵成五路纵队走过，这时最后一排剩下3个人；最后让队伍成七路纵队，此时排尾依旧余2个人。这样韩信就知道了这支队伍共有2333个士兵。

这个题目实际上是《孙子算经》里的一道题。原题为：

今有物不知其数，三三数之二，五五数之三，七七数之二，问物几何？

翻译过来就是：现在有一种东西不知道它的数量。三个三个地数，剩下两个；五个五个地数，剩下三个；七个七个地数，剩下两个，问这种东西共是多少个？如果用数学语言表述就是：某数被3除余2，被5除余3，被7除余2，求该数。

与百鸡问题不同，《孙子算经》对于这道题不仅给出了答案，也给出了算法。它的算法是这样的：先把5和7相乘，再乘以2，得出70。然后将70除以3，余1。又用3和7相乘，得出21。将21除以5，又余1。再用3乘以5得15，将15除以7，也余1。接着用"用3除余2"的2和70相乘得140。用"用5除余3"的3和21相乘得出63。再用"用7除余2"的2和15相乘，得出30。然后三个乘积相加，得233。再用3×5×7=105去减那三个积的和，一直减到小于105为止。这时所得的差就是所求的数。最后这一步相当于用105去除求余数，这个数是23。

以上算法用式子表示就是：

70×2+21×3+15×2=233

233-(3×5×7)=128

128-105=23

我国明朝数学家程大位把这种解法归作为四句口诀：

三人同行七十稀，

五树梅花开一枝，

七子团圆正半月，

除百零五便得知。

其意思就是：用3除的余数乘上70，加上用5除的余数乘以21，再加上用7除的余数乘上15，最后减去105的倍数，剩下的就是所求的数了。

那么，答案不是23吗？韩信怎么点出来两千多个兵呢？其实，此题有多个答案，23仅仅是其中的最简答案，也就是数最小的答案。

韩信点兵的问题也可以这样来考虑：

被3除余2，被7除也余2，那么这个数应该满足这样的条件，即用3与7的公倍数去除，也余2。用式子表示就是$21n+2$，其中n是整数。

按题意，这个数还要满足被5除时余3这个条件，也就是$21n+2$被5除余3。将不同的整数代入上式，我们会发现，满足这个条件的n应该是1、6、11、16、21、26……其规律是每隔5个数就能满足。也就是说这样的n有一个特点，即它的尾数(或这个数本身)都是1或6。我们可以找到很多个这样的n，因此也就可以求得很多个这样的数。当$n=1$时，$21n+2=23$，这是最简答案。

作为统帅的韩信当然会知道这支队伍大约有多少士兵的。如果是两千多人，那么最简单的就是$n=111$的时候，这个时候$21n+2=21 \times 111+2=2333$。

4. 牛顿问题

大名鼎鼎的牛顿对数学趣题也很感兴趣。1707年，他在自己的一本书中提出了一道非常有名的关于牛在草场吃草的问题。

这道题的前提是，假定每头牛每天吃草量不变，每头牛的吃草量相等，草地每天长草量不变。在这种情况下，在某一牧场里，养27头牛时，6天把草吃尽；养23头牛时，9天把草吃尽。那么，养21头牛几天能把牧场的草吃尽呢？

这个题目后来被人们称为"牛顿问题"。

这道题里有一个不变的数，就是每头牛一天的吃草量。因此，为简化问题，我们可以把它设为1。由此，

27头牛6天吃草量为$27 \times 1 \times 6=162$

23头牛9天吃草量为23×1×9=207

注意:162和207中包含了牧场6天和9天里新长出来的草的量。

那么,207-162就是3天里牧场新长出来的草的量,每天长草的量就是

(207-162)÷(9-6)=15。

草场上原有的草为27×1×6-15×6(或23×1×9-15×9)等于72。

设21头牛需x天把牧场的草吃尽,则

21×1×x=72+15x

解得x=12

所以,21头牛12天可以把草吃尽。

5. 分马问题

这是一个古老的数学趣题。题的内容是这样的:一位老人有11匹马,他临终时对三个儿子吩咐道,我这11匹马留给你们。你们要这样分配:老大拥

有马数的 $\frac{1}{2}$，老二拥有马数的 $\frac{1}{4}$，而老三则拥有马数的 $\frac{1}{6}$。

我们先不说这种分配合不合理，就想想应该怎么分配吧！

老人的儿子们难住了。因为他们按老人临终的意思，实际上每人分得的马数都不是整数：老大是 $\frac{11}{2}$ 匹，老二是 $\frac{11}{4}$ 匹，老三是 $\frac{11}{6}$ 匹。总不能把马杀了分肉吧？何况老人遗嘱说是分马也不是分肉。没办法他们只好请教一位聪明人。

聪明人牵来自己的一匹马。他说：现在有12匹马了，你们可以分了！于是老大分了 $\frac{12}{2}$ =6匹马，老二分了 $\frac{12}{4}$ =3匹马，老三分了 $\frac{12}{6}$ =2匹马，总共是6+3+2，刚好11匹马！聪明人的马还由他自己牵回去了。

问题解决了，可有人却提出了异议：老人让分的是11匹马的 $\frac{1}{2}$、$\frac{1}{4}$ 和 $\frac{1}{6}$，而不是12匹马的 $\frac{1}{2}$、$\frac{1}{4}$ 和 $\frac{1}{6}$，这种分法不是老人的原本意思！但我们确实可以证明这是老人原来的意思：

按老人临终的意思，他三个儿子分得马匹的比例为：

$$\frac{1}{2} : \frac{1}{4} : \frac{1}{6}$$

12是三个分母的公倍数，因此上式可以写成：

$$\frac{6}{12} : \frac{3}{12} : \frac{2}{12}$$

即6：3：2，

聪明人分的应该是没错。

6. 四对夫妻问题

有四对夫妻结伴旅游，途中他们共喝饮料44杯。其中四位妻子安妮、贝蒂、西莉亚和黛安所喝饮料依次是2杯、3杯、4杯和5杯。四位丈夫埃克、弗兰克、盖尔和哈里所喝的饮料依次是各自妻子的1倍、2倍、3倍和4倍。

问：他们谁与谁是夫妻？

这道题的特点是方程数少于未知数的个数。因此，解题需要技巧和讨论。

设埃克的妻子喝了x杯饮料，弗兰克的妻子喝了y杯饮料，盖尔的妻子喝了z杯饮料，哈里的妻子喝了w杯饮料，于是有

$x+y+z+w=2+3+4+5=14$

$x+2y+3z+4w=44-14=30$

上式减去下式得

$y+2z+3w=16$

据题意，这个不定方程的解无非是2、3、4、5。因此可以对其中任一个未知数用2、3、4、5代入，看看能否使其他未知数也能取得题意允许的值，并且使上面的方程成立。

现在代入w进到讨论：

若$w=5$，则$y+2z=1$。但已知y和z都至少是2，所以出现矛盾。

若$w=4$，则$y+2z=4$。同样出现矛盾。

若$w=3$，则$y+2z=7$。只能是$y=3$，$z=2$，但已有$w=3$，这个情况也是不允许的。

因此，只能是$w=2$，此时$y+2z=10$。

因为$2z$是偶数，所以y必须是偶数。又因为已经有$w=2$，所以y的选择范围只有4。

亦即$y=4$，从而$z=3$，$x=5$。

于是有：

埃克的妻子喝了5杯，而据题意，喝5杯的是黛安；

弗兰克的妻子喝了4杯，而据题意，喝4杯的是西莉亚；

盖尔的妻子喝了3杯，而据题意，喝3杯的是贝蒂；

哈里的妻子喝了2杯，而据题意，喝2杯的是安妮。

谁与谁是夫妻已经清楚了。

化归法　牛顿问题

💡思考空间

1."砍足法"是基于什么想出来的呢？

2."牛顿问题"还有其他的解法吗？

结束语

本书马上就要结束了，在结束之前，还想和大家讨论三个问题，就是为什么要学习数学？怎么学习数学？从这本书里你学到了什么？

我们先谈第一个问题。

为什么要学习数学呢？我想，对于大部分人来说，学习数学是为了应用。这个回答应该是对的。数学无处不在，我们的日常生活，我们的衣食住行样样都离不开数学。这样的例子比比皆是，而且浅显易见，我就不举例了。所以，任何人都必须学习数学，当然学习的程度可以不同。如果你在从事专业工作，那就更离不开数学了。阿基米德说过，如果有个支点，他可以用杠杆撬起地球。数学就是解决专业问题的杠杆！天文学离不开数学，物理学离不开数学，工科离不开数学……好多学科的研究最后都归结为数学问题。而有些数学问题又恰恰是在解决专业问题中提出来的。因此，许多物理学家、天文学家，甚至还有的哲学家都是数学家。比如，牛顿、阿基米德、莱布尼兹等。如果你想当数学家，那我就更不用啰嗦了，因为你已经发现了数学的美。

学习数学的第二个理由是，可以提高人的修养和审美层次。在古希腊雅典有个以大哲学家柏拉图命名的"柏拉图学园"。柏拉图让人在学园门口立了一块牌子："不懂数学者不得入内"，足见对数学的重视程度。当时一些重要人物都是出自这个门下。据说大名鼎鼎的欧几里得就曾求学于雅典，而在他的著作《几何原本》中也提过不少学园一派的人物。因此，欧几里得也应该属于这一派。

前面我们两次提到过古希腊的毕达哥拉斯，他认为只有数才是和谐

的、美好的。他提出了著名的"四艺",即算术、音乐、几何、天文,并且将这四艺都与数学联系起来。他将第一艺算术称为"数的绝对理论",第二艺音乐称为"数的应用",第三艺几何称为"静止的量",第四艺天文称为"运动的量"。这里的"量"其实也是数,只不过是因为与图形和天体联系起来了,才称为"量"。这四艺是毕达哥拉斯规定他的学生们必须学习的大课程。这种学习内容被西方人沿用下来,到了中世纪又有所发展,增加了三项内容:文法、修辞、逻辑,合称为"七艺",是中世纪有文化的贵族子弟必习之学问。而在我们中国,也是两千多年以前,大名鼎鼎的孔子也提出了"六艺",即"礼、乐、射、御、书、数"。由此可见,自古以来,无论东方还是西方在对人才的培养中,数学的教育都被看得很重,是人修养中的重要一环。

前面我们提到,英国数学家、诺贝尔文学奖得主罗素说过:"数学,如果你正确地看待它,会发现它具有一种至高无上的美,一种冷色而严肃的美。这种美没有音乐或绘画那般华丽的装饰,它纯洁到崇高的地步,达到了只有最伟大的艺术才能显示的那种完美的境界。"当然,这里所说的"美",不仅仅是美丽,它是哲学意义上的美、最广义的更大的美。

现在我们要谈学习数学的第三个理由了。这就是数学能训练我们的思维、培养我们良好的思维方法。数学的美表现在很多方面,其中之一就是它逻辑上的严谨性。我们说过,数学的结论是需要证明的(除了一些公理之外),只有经过严谨的证明以后,一些命题才能成为定理或定律,否则就只能叫猜想。

比如$15 \times 15 = 225$;$25 \times 25 = 625$;$35 \times 35 = 1225$……我们仔细观察它们就会发现如下两个问题:

(1)所有的乘积末两位都是25;

(2)25前面的数字都是原乘数10位上的数加1,然后再乘以本身得出。如:$(1+1) \times 1 = 2$, $(2+1) \times 2 = 6$, $(3+1) \times 3 = 12$……

这样似乎就能得出一个规律:个位数是5的数的平方(自乘)的结果是把10位上的数字加上1然后乘以这个数字本身,得出结果后再在后面添上个25就行了。

（应该说这只是个猜想。这个猜想如果成立，那计算个位数是5的数的平方就简便得多了。但它能不能成立，这要证明，就是要看在普通的情况下成不成立。）

我们把任意一个末尾为5的两位数写成：

$10a+5$，$a=1, 2, 3\cdots\cdots$

那么，$(10a+5)^2$

$=(10a)^2+2\times5\times10a+5^2$

$=100a^2+100a+25$

$=a(a+1)\times100+25$

证毕！

这个猜想是成立的。

数学的这种对逻辑严密的追求，无疑能培养我们的求是精神，改进我们平时往往会有的那种"想当然"。因此，学数学是对思想方法的一种严密的逻辑性的训练。

现在提倡"文理渗透"，学文科的人也要学一点理科的东西，特别是数学。这是为什么呢？这就是为了有助于思想方法的改进。我们知道，搞理科，特别是数学，运用的是逻辑思维，这种思维的优点是精确、深刻。但它的缺点是太专业、视角小，喜欢钻牛角尖，有时会忽略全面性地看问题。而搞文科则运用形象思维的方式。什么是形象思维呢？就是在思维活动过程中总是伴有形象的出现。比如贝多芬创作《月光奏鸣曲》时，他的脑海里就随时随地地会有月光啊、小风啊这些形象出现。形象思维的优点是视野开阔、看问题全面，不足是感性的东西太多，有时欠深刻，把这两种思维方式结合到一起就全面了。

现在该说第二个问题了，即怎么学习数学？

要想学好数学首先就要对数学感兴趣。应该说，数学的确与物理、化学等不同，它不是研究一些具体的带有物质性的事物，而是一种抽象出来的规律。但是，这并不妨碍它是一个生动的世界，本书已经向你展示了这个方面。问题是如果你每天只是面对数学的定理、公式以及与它们有关的一些习题，而且亦步亦趋地跟着老师，没有任何独立思考的话，那肯定是乏味的。数学的美和数学的精彩与生动，不在那些死板的定理和公式，而是能让这些定理和公式活跃在其中的更丰富的世界。就像音符，那简单的7个数字有什么可生动的？可一旦它们排列组合起来，就是一个跳动的精彩世界。

有一个故事，这当然仅仅是一个故事。有人问爱因斯坦什么是相对论？爱因斯坦诙谐地说："夏天，你坐在火炉旁，一定是如坐针毡，觉得时间怎么那么漫长；而如果把火炉换成一位美丽的姑娘，那你一定会埋怨，时间怎么会那么快就从你的身边溜走了。"人们喜欢自己感兴趣的事物，但是兴趣有时也需要培养。当你解题的时候，是否可以尝试用多种解法？当你发现了一种不同于老师也不同于同学的更好的解法时，你会不会有一种成功的喜悦呢？

厦门大学是我国数学家的摇篮之一，陈景润就曾经就读于这里。学校出版了一本叫《厦门数学通讯》的刊物，每一期《厦门数学通讯》都会有一些数学难题，向中学生征解。做对了的，就会在下一期里面把你的名字公布出来。就是这本《厦门数学通讯》曾经让我和我的同学们废寝忘食，对数学发生了浓厚的兴趣，在高考的时候还相邀看谁能提前交卷！学校和社会应注重对学生兴趣的培养。

学好数学的第二个问题是，要敏于观察、善于总结。你可能还记得，我们说过数学之王高斯上小学的时候，数学老师为了能休息一下，给学生出了一道自以为很难的等差级数的问题，谁知他的题刚出完，高斯的答案就出来了。要知道那时他还不懂级数啊！

他怎么能这么快就算出来了呢？就是敏于观察。把从1到100一字排开，他发现任意一对相对称的数之和都是101。就这样他找到了解题的关键。

平时我们解题的时候也要注意观察，慢慢就会养成习惯。比如在方程组中，若未知数都呈 $\frac{x}{y}$ 形式，那就可以设 $\frac{x}{y}=z$，这样方程就好解了，先把 z 求出来，再分别求 x 和 y。有的方程组不直接求 x 和 y，而能先求出来 xy 和 $x+y$，那就先求出它们来，然后根据韦达定理 x、y 自然就解出来了。

除了敏于观察之外，还有重要的一条就是善于总结。总结能积累经验，能举一反三。比如，在几何证明和计算中一个最重要的环节就是连辅助线，这也是同学们最感头疼的问题。那么，在什么情况下应该作什么样的辅助线，就应该不断地积累和总结。事实上，总结过程也是分析的过程。比如，我们应该弄清为什么作辅助线，对于总结什么情况下作什么辅助线是大有好处的。

做辅助线的原因无外乎是两种：一种是让两个或几个原本不发生关系的东西发生联系，这样才能进行证明或计算。比如有两个相离的圆，孤零地放着是没法证明或计算的，我们必须将它们联系起来。最方便的方法就是做它们的连心线或公切线，至于是内公切线还是外公切线应视情况而定。这样你不就有了一条经验吗？凡是两个圆的情况你就可以考虑作连心线或是公切线了。

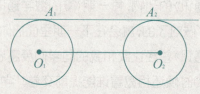

作辅助线的第二种原因是把所证明的东西搬个家，也是使原本不发生关系的事物发生联系。我们举个最简单的例子：试证明三角形三内角之和

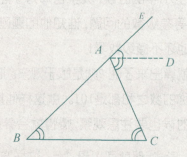

为180°。

在△ABC中，∠BAC与∠B，∠C都是孤立的，没有什么联系。我们过A点作一条辅助线AD∥BC。

这样，∠C=∠DAC，∠B=∠EAD

相当于把∠B、∠C都搬了家，与∠BAC发生了联系。

由于∠EAD+∠DAC+∠BAC=180°

所以∠B+∠C+∠BAC=180°

关于怎样学习数学的最后一点就是走出课堂，多看一点"课外书"。有些数学的"课外书"，不仅很有意思，而且从中能得到不少的启发，学到一些方法。例如本书的上一节"趣题几则"中所列的几道题，它们不仅是有趣的"名题"，而且解题方法也各有千秋。这一定会有助于你开阔解题的思路的。总之，学数学是不能死抠书本的。

现在说说最后一个问题，就是总结一下在这本书中你学到了什么？

首先一点应该是开阔了视野。在这里看到的数学和你在课堂里体验到的数学很不一样。在这里你看到的是一个五光十色的数学世界，是生动有趣的数学世界。你可以改变对数学的看法了，那个枯燥乏味的数学、让人望而生畏的数学不见了。

什么是数学？不知你是否想过这个问题？用一句话来概括数学的确是很难的。但你已经感觉到了一个有血有肉的数学，感觉到了它的博大、它的精深，它的历史和现在以及它的范围和内容。虽然这种认识还是感性的和初步的，但你对数学是什么，可以说已经不再陌生。

数学里有发现也有发明，作为自然规律的数学，我们需要不断地去揭示去发现；作为工具的数学，我们也要不断地改进和发明。非欧几何，那是在欧几里得几何基础上的发现；而对数、解析几何和微积分则不仅仅是数学的，也是整个科学和人类的伟大发明！就是这些发现和发明推动着数学学科乃至整个科学的发展和人类的进步。

人类离不开数学,宇宙离不数学,外星人也离不开数学(如果真有外星人的话)。数学是宇宙共同的规律。

思想方法是非常重要的,有时它比知识显得更重要。你只要留心,在这本书里你可以学到许多好的思想方法。比如,从非欧几何的发明,你可以认识到"条件是事物存在的根据",条件改变了,事物的面貌就可能会是另外一个样子。因此,研究事物存在的条件(前提)是很重要的,这在数学里有一个专门的词汇,叫做"定义域"。从"三等分一角"不可能,我们受到的启发是不能一条道跑到黑,跑了一两千年了,还那么跑下去吗?为什么不停下来想一想,利用一下逆向思维呢?对有的事情,有时反过去想想也许是有益的。对数的发明今天看起来似乎是太简单了,不过是把指数改成了另一种写法。可是这个"简单"的事情你为什么没有想到呢?有时一个事物不一定只有一种表达方式,换种方式表示也许会更有新意。笛卡尔的解析几何会使我们想到可以寻找不同事物间的联系。有时候表面上看两个事物的差异大,但它们的内里或者本质是相近或者相通的。在它们之间架起一座桥是一件多么美好的事情啊!微积分的发明是一次思想认识上的飞跃,它的关键是极限概念的建立。朦胧的极限远在阿基米德时期就已经冒头了。他在用杠杆称量圆球体积公式的时候,已经使用了无限分割,孕育了极限的想法。还有高斯等好像也都露出了端倪,只可惜都没有形成一个概念。牛顿和莱布尼兹可以说是集大成者,是他们实现了一次飞跃。类似的情形在别的学科里也有,在《五光十色的物理》中,我们也会向你介绍。牛顿和莱布尼兹给我们的启示是,思考问题不一定要遵循传统模式,因循守旧是很少有创造力的。

从本书你还会得到好多的启示。因此,本书可以不止读一遍。

在本书终于结束的时候,希望你能铭记两位科学伟人的名言。一句是牛顿的"我是站在巨人肩膀上",一句是伽利略的"我从不迷信权威"。

牛顿的话实际是在告诉人们,他的成就是在前人成果的基础上获得的。这句话道出了继承的重要性。你也想成为科学伟人吗?那你得好好地学习,认真地继承和钻研前人的科学成果,这样你才能站到巨人的肩膀上。

伽利略的话是在说,世界上没有绝对的真理。所有真理都是相对的,再大的权威,他的认识也是有限的,往往也不一定都是正确的,要敢于怀疑前人的东西。伽利略以他对落体运动的研究向世人证实了他的话的正确性。在此之前,西方的学府里都讲着这样的一条物理学定律,即不同重量的物体从同一高度同时下落时,越重的物体下落得越快。而伽利略向人们证实了:自由落体的速度是一样的。事实上轻重不同的物体下落的速度不同的原因是空气的阻力。当你把一本书和一张纸从同一高度同时落下时,显然是书先落到地面。可是当你把这张纸揉成一个纸团,或者把它平放到书上面时,你就会发现它们是同时着地了。

就说到这里吧。数学真的挺好的,热爱数学吧。愿数学伴你同行!

二〇〇八年十一月十九日

于大连